숲의 역사

DER WALD: Natur und Geschichte

태고로부터
진화해온
숲에 대한
기록

숲의 역사

한스외르크 퀴스터 지음
이수영 옮김

대부분의 사람들은 숲을 자연의 총체이자 문명과 대립되는 세계로 여긴다. 이 책은 유례없는 자연 현상인 숲에 대한 온갖 신화와 추측에 맞서 숲의 끊임없는 발전과 변화를 생생하게 기술한다. 숲은 황야가 아니지만 그렇다고 경제적 관심사와 휴식에만 이용되지도 않는다. 무엇보다 지구 온난화에 직면한 현실을 고려할 때 지속적이고 장기적인 숲 경영에 대한 중요성이 어느 때보다 커지고 있다. 숲은 고유한 역사를 가지고 있으며, 동시에 자연을 대하는 우리의 태도를 반영하는 거울이기도 하다.

들어가는 글

"검은 숲이 침묵한다." 시인 마티아스 클라우디우스Matthias Claudius(1740~1815)는 이 구절과 함께 어두운 밤의 배경, 떠오르는 달, 피어오르는 안개를 묘사한다. 그러나 숲은 결코 자연과 문화가 전개되는 단순한 배경이 아니다. 숲은 역동적인 자연의 일부다. 자연의 총체일 뿐만 아니라 역사도 갖고 있다. 모든 나무는 성장하고 죽어가며, 또 다른 나무가 그 뒤를 따른다. 어쩌면 다른 종류의 나무일 수도 있다. 이 과정에서 숲은 자신의 외형을 바꾼다. 지구상에는 수많은 숲들이 생겨났고, 그중 많은 숲들이 다시 사라졌다. 기후가 변화했거나 대륙이 서서히 지구 표면 위로 이동했기 때문이다.

지구상에서 숲이 없는 인간의 삶은 생각할 수 없다. 건축 자재, 땔감, 공업 재료, 식량 등 중요한 자원이 숲에서 나오기 때문만은 아니다. 인간은 매일 생활하고 일하는 세계와는 다른 환경을 체험하기 위해서도 숲으로 간다. 어떤 사람들은 숲에서 생계를 꾸려나가고, 그 때문에 다른 사람들의 부러움을 사기도 한다.

숲은 많은 이념과 결합되어 있다. 누군가는 높이 평가하고 누군가는 두려워하는 동화 속 인물들과 상상의 존재들도 숲속에서 등장한다. 이념은 정밀과학과는 전혀 관계가 없지만 그럼에도 자연과학자들의 사고에 영향을 준다. 자연과학자들은 숲을 이른바 변함없는 자연과 동일시하며 생태계의 안정성에 관한 이론을 발전시킨다. 그것은 이념이지 사실이 아니다. 또한 숲이 변하면 우리는 숲이 저절로 변할 수 있다고 생각하는 대신 항상 외부에서 작용한다는 원인을 찾으려 한다. 숲은 자연이고 고유한 역사를 갖고 있는데도 말이다. 기후 변화나 인간의 영향 같은 외부의 원인은 숲 생태계의 변화를 더는 자연적인 역동성의 결과로서만 설명할 수 없을 때 비로소 고려해야 한다.

나는 숲을 있는 그대로의 모습이 아니라 어떤 식으로 발전해 가는지 기술하는 것을 중요하게 생각한다. 많은 자연 묘사는 그 안에 묘사된 모든 것이 변하지 않는다는 인상을 불러일으킬 수 있다. 비록 저자가 원래 의도한 바는 아니라고 해도 말이다. 그러나 그런 인상이 일어서는 안 된다. 성장과 죽음, 먹고 먹히는 과정은 빠르게 진행되는 발전이고 진화의 과정은 대부분 훨씬 더 오래 걸린다. 중요한 건 그 과정에서 자연이 변한다는 사실이고, 그것은 당연히 숲에도 해당된다. 우리가 숲과 결합시킨 이념들만 변하지 않을 뿐이다. 숲에 대한 이념은 과학에 중요하고, 자연과학적 사실들은 숲을 고귀한 아름다움으로 보고자 하는 모든 사람에게 의미를 갖는다. 모두가 똑같은 숲에 관심을 갖고 있다는 전제하에 그 두 요소를 하나로 모으는 것이 이 책의 중요한 의도다.

출판사로 원고를 보내기 전 이 책의 내용을 미리 읽고 평가해준 어머니께 감사드린다. 또한 원고의 교정, 교열에서 인쇄 단계에 이르기까지 수고를 아끼지 않은 편집부에도 고마움을 전한다.

호호슈바르츠발트 그라펜하우젠에서

한스외르크 퀴스터

01

숲은 무엇인가?

야콥 그림과 빌헬름 그림 형제가 편찬한 독일어 사전을 보면 '숲은 무엇인가?'라는 질문에 대한 한 가지 답이 나온다. "숲은 키 큰 나무들이 키 작은 나무와도 섞인 채 빽빽하게 들어서 있는 넓은 규모의 평지로 이해된다. 규모가 더 작고, 나무들이 더 넓은 간격으로 심어진 작은 숲과는 구별되며 (…), 키 작은 나무들로만 이루어진 관목림과도 구분된다." 숲을 이보다 더 정확하게 규정하기는 어렵다. 그러나 학자들은 더 정밀하기를 원한다. 숲이라고 칭하려면 나무들이 들어선 면적은 얼마나 넓어야 하고, '키 큰 나무들'은 얼마나 커야 할까? 또 숲과 작은 숲의 차이는 무엇이고, 숲과 작은 숲의 나무들은 얼마나 멀리 떨어져 있어야 하며, 키 작은 나무들로 이루어진 관목림은 숲과 어떻게 구별될까? 이러한 것들을 보다 정확하게 규정하려는 시도는 끊임없이 이어졌다. 가령 나무의 최저 높이, 전체 수량의 최저 규모, 나무가 들어선 전체 면적을 확정하는 것으로 숲의 개념을 정의하려고 했다. 그러나 그러한 개념 규정들 중 어느 것도 자연과학적 관점에서는 모호한 두 문헌학자의 개념 설명을 뛰어넘지는 못한다.

산림학자들은 대부분 연방 산림법에 규정된 숲의 법률적 정의를 따른다. 그에 따르면 숲은 "모든 산림 식물들이 심어진 바닥 면적이다. 나무를 베어냈거나 성기게 심은 바닥 면적, 숲길, 공터도 숲에 해당한다." 이러한 개념 규정은 그림 형제의 독일어 사전에 실린 내용과는 모순된다. 산림법에서 중요하게 여기는 문제는 산림관이 숲을 경영하는 면적이지 식물의 총수가 아니기 때문이다.

생태학자나 식물 지리학자도 숲을 나무들의 총수로만 나타낼 것이다. 생물학에서 숲은 하나의 식물 군락이다. 다시 말해서 동일한 형태를 가진 수많은 식물의 집합, 이 경우에는 나무들의 집합이다. 따라서 생태학적 관점에서 공터는 숲에 속하지 않는다. 생태학에서는 산림 기후의 존재와 형성 여부가 숲을 나타내는 결정적인 기준이다. 해가 비출 때 숲에서는 숲 주변 지역보다 더 적은 양의 빛 에너지가 지표면으로 뚫고 지나가는데, 이는 숲의 지붕을 이루는 나뭇잎들에 의해서 빛이 반사되기 때문이다. 이런 이유에서 해가 잘 드는 날에도 숲의 기온은 바깥쪽보다 많이 상승하지 않으며 수분은 적게 증발된다. 그래서 숲은 상당량의 습기를 머금고 있는 것이다.

산림 기후는 숲 주변 지역에도 중요한 의미를 갖는다. 주변 지역에서 더 뜨겁게 데워진 공기는 높이 올라가고 기압은 낮아진다. 이로써 저기압 지대가 형성된다. 반면, 숲에서는 그렇지 않다. 기압의 수준이 계속 유지되는데, 숲의 외부보다는 높아서 공간적으로 제한된 고기압 지대를 형성한다고 할 수 있다. 이제 기압이 높은 지대에서 더 낮은 지대로 공기가 움직이는 조절 작용이 이루어지고, 숲에서부터 공기 분자의 밀도가 높은 서늘하고 축축한 바람이 주변으로 불어간다. 숲 주변의 공기 분자들은 서로 더 넓은 간격을 띤다. 숲에서 주변으로 부는 서늘한 공기는 숲 바깥 지역의 미기후를 안정시키는 데도 기여한다.

밤에는 또 다른 상황이 나타난다. 이때는 숲의 수관부가

지면으로부터 복사된 따뜻한 공기가 빠져나가지 못하게 잡아둔다. 그것은 계절의 흐름 속에서도 숲에서 일정한 역할을 한다. 숲 바깥쪽은 늦게는 봄, 또는 이르게는 가을에도 벌써 어는 곳이 있지만 숲의 기온은 어는점보다 높은 경우가 있다. 심지어는 잎이 없는 나무들 사이에서도 말이다. 숲의 연중 기온 변화도 탁 트인 들판보다 균일하며, 숲 지역이 전체적으로 숲이 전혀 없는 지역보다 훨씬 고르게 나타난다. 겨울에는 나무들 사이로 온기를 더 많이 품고 있고 눈이 더 빨리 녹는다. 눈은 땅 위뿐 아니라 나무 위로도 내려앉기 때문이다.

이러한 미기후 특징들은 모두 측정될 수 있다. 그러나 이러한 특징들도 숲이 무엇인가라는 질문에 근본적으로 나은 설명을 제시하지는 못한다. 산림 기후는 나무가 듬성듬성한 숲보다는 빽빽하게 들어선 숲에서, 규모가 작은 숲보다는 큰 숲에서 더 잘 형성된다. 심지어는 아주 작은 숲이라고 할 수 있는 한 그루의 나무나 생울타리 아래에서도 산림 기후의 징후가 나타난다. 그러나 한 가지는 분명하다. 산림 기후는 산림이 운영되는 모든 영역에서 형성되는 것이 아니며, 숲속 초지나 벌채된 곳에서는 생기지 않는다는 사실이다. 생태학적 개념 규정은 숲과 나무들이 많은 단독주택 단지 사이를 명확하게 구분하는 가능성도 제공하지 못한다. 단독주택 단지는 지도상으로는 개간된 지역으로 표시된다. 그러나 많은 생명체들에게는 나무들이 무성한 이곳 정원들이 숲과 매우 비슷하며, 숲과 이런 정원에는 대륙검은지빠귀, 박새, 청설모가 살고 있다. 이들은 원래 전형적인 숲 동물로 여겨지지만 오늘날에는 다양한 목본식물이 조성된 도시 근교 주택 단지에서 훨씬 많이 볼 수 있을 것이다.

결국 숲이 무엇인지는 당연히 안다고 생각하지만 숲에 대한 명확한 정의는 없다는 것에 만족할 수밖에 없을 듯하다. 숲은 풍경으로도 이해할 수 있다. 그러면 숲을 정의할 때 어떻게 해야 할지 더 분명해진다. 모든 풍경은 항상 자연적인 변화, 세련되게 가꾸는 인간의 영향, 풍경에 대해 발전시킨 이념들에 의해서 만들어진다. 풍경에 대한 이념은 인간에서 비롯된다. 그 때문에 하나의 풍경은 항상 문화적으로 구성된다. 아직 사람의 손길이 전혀 닿지 않아 '원시림'이라 할 수 있는 숲도 문화적인 관점에서 인식되어 그렇게 불리는 것이다. 따라서 모든 숲은 전체적으로 자연에 의해서도 문화에 의해서도 영향을 받는다. 이때 문화는 한편으로는 세련되게 가꾸는 인간의 작용이고 다른 한편으로는 인간이 숲에 대해 발언한 이념들이다.

숲의 자연은 항상 현재의 외형으로 나타난다. 그러나 숲의 변화를 야기하는 자연적인 발전은 매순간 진행된다. 이 과정은 자연과학의 관심사다. 광합성과 호흡, 물의 순환, 식물의 성장과 거기에 영향을 받는 동물계의 발전과 먹이사슬, 나무와 식물의 다른 생물들과의 공생, 그 과정에서 나무와 전체 숲으로 운반되는 무기질이나 공기 중에 존재하는 질소의 고정, 나무의 죽음, 생물학적 물질의 분해, 죽은 나무를 대체하는 새롭게 자라나는 다른 나무, 이러한 모든 자연적 발전 과정은 장기적으로 숲의 변화를 야기한다. 새로운 나무종들이 확산되고 다른 종들은 사라진다. 자연이 지배하는 곳에 변하지 않는 건 아무것도 없다. 따라서 자연은 과정으로도 묘사되어야 한다.

숲의 문화는 일차적으로는 매우 다양한 방식으로 운영될 수 있는 숲의 이용을 의미한다. 숲의 개간, 즉 매우 중요하고 인기 있는 원료인 나무의 채취는 자연적인 영향처럼 숲의 변화를 불러올 수 있다. 그러나 숲을 하나의 풍경으로서 항상 똑같은 외관을 유지하도록 가꾸는 방식이 추구될 수도 있다. 이를 위해서는 자연적으로 다시 자라나는 나무를 뽑아내야 한다. 그런 다음

뽑아낸 자리에 숲의 천연갱신을 촉진하거나 나무를 새로 심어야 한다. 숲의 안정성을 추구하는 식생 지역 내 동식물종의 다양성을 일정하게 유지하려는 문화적 목표와 결합시키는 방법도 있다. 나아가서는 숲을 관리하지 않고 자연스럽게 발전하도록 내버려두는 방식을 취할 수 있는데, 이 역시 문화에 해당한다.

그러나 숲이 자연적으로는 안정적인 상태인데 인간의 개입으로 불안정해지고 균형을 잃었다는 전제는 틀렸다. 자연적 균형은 존재하지 않기 때문이다. 자연과학자가 관찰하는 자연은 항상 변화를 야기한다. 숲이 변하지 않도록 가꾸는 것을 목표로 삼지 않는 한에서는 인간의 개입도 마찬가지다. 숲을 변하지 않게 하는 건 오직 문화적 목표로서만 실현될 수 있을 뿐 자연적으로는 불가능하다.

숲의 자연과 문화에 대해서는 수많은 이념이 발전했다. 이 이념들은 자연적 또는 문화적 과정의 정확한 이해와 마찬가지로 정당성이 있지만 그것이 이념이라는 점은 밝혀져야 한다. 다른 무엇보다 자연의 개념이 보다 정확하게 고찰되어야 한다. 우리가 이해하는 자연 개념은 자연과학자들의 규정에 의해서뿐만 아니라 숲과 숲 생태계의 안정성에 대한 이념에 의해서도 영향을 받는다. 이 이념은 숲의 자연적인 역동성에는 모순된다. 따라서 자연 개념은 이중적 의미를 갖는다. 자연과학자가 생각하는 자연 개념은 역동성과 결합되고, 문화적 이념이나 관념으로서의 자연 개념은 안정성과 결합된다.

우리는 이념의 도움으로 숲이란 무엇인지 그리고 숲에는 어떤 유형들이 존재하는지 보다 정확하게 규정할 수 있다. 그것은 정확한 행동 양식으로 보일 수는 있지만, 어떤 경우라도 다시 거부되었다가 새로운 것으로 대체될 수 있는 하나의 합의를 전제로 한다. 시간과 함께 풍경으로서의 숲에 영향을 준 모든 자연적, 문화적 변화를 고려할 때, 중세부터 오랜 시간이 지나는 동안 항상 완전히 똑같은 것을 '숲'이라는 개념으로 지칭했다고 보기는 어렵다. 그 시간 동안 숲을 마주한 사람들은 매번 달랐고, 그들은 항상 다른 이념과 다른 의도를 갖고 있었다. 그들은 숲의 존재나 이용을 정치적 목표와 결합시켜 숲을 이용하고 새로 만들어내려 했으며, 한편으로는 숲을 보호하려고 했다.

지구를 설명하기 위해서는 숲의 다양한 유형을 인식하고 서로를 구분하는 일이 매우 중요하다. 그러나 이런 유형들도 숲의 자연과는 동일하지 않고, 다양한 숲의 모습을 분석할 때 생겨난 이념들의 토대 위에서 발전했다.

숲은 지표면의 물이 나무 꼭대기까지 밀고 올라갈 수 있는 곳이면 어디서든 발달했다. 일교차가 큰 기후가 지배하고 매일 비가 오는 열대 지방이 그런 곳이다. 다른 한편으로는 온대와 아한대를 둘러싼 북반구와 남반구에서는 비가 충분히 내리는 지역에서도 숲이 발달했다. 온대와 아한대는 연교차가 큰 기후가 지배한다. 다시 말해서 일 년 중 몇 개월 동안은 나무들이 아주 잘 자랄 수 있고, 그 다음에는 건조하거나 추운 시기가 이어진다. 온대 지역으로는 서쪽에서 동쪽으로 저기압성 순환이나 저기압대가 이동한다. 그래서 일 년 내내 비오는 날과 맑은 날이 교대로 나타나고, 차가운 공기는 남쪽으로, 따뜻한 공기는 북쪽으로 운반한다.

타이가Taiga 지대로 불리는 북쪽의 아한대 침엽수림 지역은 아주 오랫동안 땅이 얼어 있다. 그리고 온대의 활엽수림 지대에서는 매년 겨울, 드물지만 규칙적으로 기온이 어는점 이하로 내려간다. 잎이 작고 단단한 경엽수림이 많이 나타나는 지중해성 기후에서는 겨울 기온이 어는점 이하로 내려가는 경우는 많지 않지만, 이따금 찾아오는 추위를 극복하는 식물들만이 살아남을 수 있다. 열대 지역만이 기온이 어는점 이하로 내려가지 않는다. 규칙적인 조건을 가진 열대의 숲과 계절 및 저기압성 순환의 영향을 받는 지역의 숲은 근본적으로 다르다. 열대림에서는 나뭇잎과 꽃, 열매가 일 년 내내 자라므로 동물과 사람들에게 연중 비슷한 먹이를 공급한다. 반면에 위도가 더 높은 지역의 숲에서는 삶의 동시화를 불러오는 계절의 변화가 어느 정도 뚜렷하게 나타난다. 다시 말해서 대부분의 식물이 같은 시기에 잎이 나고 같은 시기에 다시 진다. 꽃과 열매도 일 년 중 특정한 시기에만 자란다. 따라서 모든 삶이 먹이를 구할 수 있는 시기와 먹을 것이 부족한 시기에 맞춰져야 한다.

반면에 아열대의 많은 지역과 대륙 내부, 고위도 지역인 극지방에서는 숲이 번성하기가 어렵다. 어디서나 건조함은 나무들의 성장을 제한한다. 건조함은 강우량이 부족해서, 또는 기후가 건조한 지역으로 흘러들어와 이른바 갤러리 숲을 형성할 강이 없어서 비롯된 현상만은 아니다. 북극 위도에서도 식물이 말라서 시들어버린다. 혹독한 추위에서는 뿌리에서 흡수한 물이 나무를 타고 위로 올라갈 수가 없다. 물이 얼어붙으면서 한랭 건조가 발생하는 것이다. 따라서 한파 기간이 너무 긴 지역에서는 숲이 발달하지 못한다.

원칙적으로 지구상에는 세 군데의 숲 지대가 존재한다. 열대 지역과 온대를 둘러싼 북반구와 남반구다. 그러나 남반구에서는 대륙의 일부에 해당하는 남아메리카 남단, 아프리카 남쪽, 오스트레일리아와 뉴질랜드의 남쪽 해안만 숲 지역에 포함된다. 그 때문에 북쪽의 유라시아와 북아메리카에서 볼 수 있는 숲과 같은 정식 숲 지대는 형성되지 않았다.

숲은 가장자리가 분명하게 구분되는 곳이 몇 군데에 지나지 않는다. 가령 바위들로 인해서 갑작스럽게 중단되는 곳을 생각할 수 있다. 그 밖에 다른 곳들에는 촘촘하게 형성된 숲과 숲이 없는 지형 사이에 이행대(에코톤, ecotone)라고 하는 넓은 전이 지대가 존재한다. 이 경계 지대는 점차 변화하는데, 나무들의 씨와 열매가 지금까지 나무들이 있던 곳 바깥 지역에까지 떨어졌다가 그곳에서 다시 싹을 틔우고 자라기 때문이다. 목본식물은 성장에 영향을 미치는 방해 요인이 생기기 전까지는 계속해서 자란다. 성장에 영향을 미치는 대부분의 방해 요인은 강우량 부족이나 혹독한 추위 때문에 발생한 한랭 건조가 물과 무기질 공급을 가로막는 경우인데, 이러한 방해요인으로 인해 나무는 말라 죽게 된다.

지리학적 방법을 이용하면 숲 가장자리로 인식되고 지도에도 표시되는 하나의 선을 확정할 수 있다. 가령 이행대를 관통하는 선을 그어 키 큰 나무들이 있는 지대와 키 작은 목본식물이 있는 지대를 나눌 수 있다. 또는 숲의 가장 바깥쪽에 약 5m 높이의 나무들이 바닥 면적의 약 30%를 덮은 곳을 경계로 정할 수도 있다. 그러나 나중에 지도에도 표시하게 되는 이런 경계는 숲의 자연적인 경계와는 아무 관계가 없다. 숲의 자연적인 경계는 지도상에 나타나는 것처럼 분명하지 않고, 그 주변의 생태적 조건도 변하지 않는다. 또 지도만 보아서는 산림 기후가 형성되는 곳이 어디인지도 알지 못한다. 지도에 표시된 숲의 경계는 어떤 경우라도 이념의 토대 위에서 정해졌지 자연과학적 상수에 근거하지는 않았다. 그에 따르면 숲의 경계를 대략적으로 확인할 수는 있지만, 그러한 경계들도 시간이 지나는 동안 달라진다.

따라서 지구상의 숲들이 자연적으로 형성된 규모는 어느 정도이고, 오늘날 주로 인간의 영향으로 조성된 규모가 어느 정도인지는 도저히 알 수 없다는 결론이 나온다. 어쨌든 자연과학자는 그것을 말할 수 없으며, 그에게 거기에 대해 더 정확하게 말하라고 요구하는 건 잘못이다. 그와 마찬가지로 인간이 숲에 중요하게 영향을 미친 시점이나 그 영향이 강해지기 시작한 시점이 언제부터인지도 단정적으로 말하기는 어렵다. 순수하게 자연적으로 형성된 숲이 인간의 영향이 점점 커지는 숲으로 변화되는 과정은 아주 서서히 진행되었다. 지구 역사에 인간의 영향이 커진 시대를 일컫는 이른바 인류세는 수천 년의 시간 속에서 시작되었고, 앞으로 인간의 영향이 어디까지 더 나아갈지는 아직 알 수 없다. 인류세의 시작을 규정하는 일은 이념에 의해서만 가능할 뿐이고 자연과학적으로 정확하게 뒷받침해서 확정하기는 어렵다. 전체적으로 숲의 개념 규정은 앞에서 인용한 독일어 사전의 정의에서 벗어나지 않는다. 그것만이 보편타당하다.

02

나무

숲에는 나무들이 있어야 한다. 식물학적 관점에서 나무는 고등 식물에 속한다. 이는 나무가 높이 자라서가 아니라 고도로 발달했기 때문에 붙여진 명칭이다. 나무는 경엽식물이라고도 하는데, 근본적으로 한 경엽체의 세 부분인 뿌리, 줄기, 잎으로 이루어졌기 때문이다. 경엽식물에는 양치식물과 종자식물(꽃식물)이 포함되며, 식물 분류학에서 '식물계 식물문'으로 구분되는 이 두 그룹에는 초본식물도 있고 덤불과 나무도 있다. 그러나 식물의 계통을 분류할 때는 나무, 덤불, 풀처럼 외적으로 드러나는 식물의 형태가 결정적인 건 아니다. 그 세 가지 형태를 모두 드러내는 식물군이 많기 때문이다. 가령 장미과가 그런 경우다. 사과나무와 산사나무, 장미는 관목으로서 장미과에 포함되지만 여기에는 초본인 작은 양지꽃도 속해 있다.

나무, 덤불, 풀은 식물이 살아가는 형태이며 이들을 구별하는 결정적인 요소는 겨울눈의 위치다. 나무와 덤불은 겨울눈이 땅 위로 나 있어서 겨울철 추위에 무방비로 드러나 있다. 나무와 덤불을 구분하는 것이 항상 간단한 건 아니다. 일반적으로 나무는 하나의 줄기를 갖고 있고 위쪽에서 가지를 뻗는 반면, 덤불은 땅바닥 근처에서부터 가지가 갈리는 여러 개의 얇은 줄기로 이루어진다. 따라서 나무는 양치식물 및 종자식물문에서 하나의 뿌리가 아닌 하나의 전체 뿌리 조직과 두꺼운 하나의 줄기, 수많은 잎이 달린 수관으로 구성된 특수한 경엽식물이다. 때로는 하나의 뿌리 조직에서 여러 개의 줄기가 높이 자라기도 하며, 많은 나무에서는 높이 자란 줄기들 옆으로 작은 부정근(막뿌리)들이 자라나온다.

종자식물은 경엽식물의 일반적인 특징들만으로는 충분히 설명되지 않는다. 게다가 꽃도 피지만, 그 사실이 다른 경엽식물과는 구분되는 또 다른 기본 요소들을 제시하지는 못한다. 종자식물에 특징적인 꽃은 이미 언급된 경엽체의 요소들로 구성되었기 때문이다. 꽃받침, 꽃잎, 수꽃술, 심피(암술을 만드는 구성요소)는 잎이 변화된 형태이고, 심피의 암술대는 싹이 연장된 형태로 이해될 수 있다.

대부분의 숲에서 종자식물에 속하는 나무들은 활엽수와 침엽수로 분류된다. 활엽수는 씨방 속에 씨가 들어 있는 속씨식물이며, 거의 모든 초본식물이 이 그룹에 속한다. 반면에 침엽수는 씨가 겉으로 드러나 있어서 겉씨식물이라고 하며, 나자식물이라고도 한다. 활엽수와 침엽수는 잎의 형태로만 구분하지는 않는다. 다만 뾰족한 바늘 모양도 매우 특징적인 형태의 잎이라는 점을 생각할 수 있다. 그러나 훨씬 더 중요한 차이는 나무의 구조에 있다.

육상식물의 특징은 뿌리, 줄기, 잎의 세 가지 구성 요소라 할 수 있으며, 실제로도 대부분의 경엽식물은 육지에서만 발견된다. 해조류처럼 물에서 사는 대형 조류는 다른 이유에서 세 가지 구성 요소가 필요하다. 뿌리와 비슷한 헛뿌리는 해저에 붙어 있기 위함이고, 잎과 비슷한 헛잎은 수면 가까이에 펼쳐져 있으며, 줄기와 비슷한 헛줄기는 조류의 나머지 두 부분을 결합시킨

뿌리, 줄기, 잎으로 구성되는 나무

다. 그러나 경엽식물과는 달리 각 조직들 사이에 분업은 이루어지지 않는다. 모든 부분이 물과 무기질에 둘러싸여 있기 때문이다. 무엇보다 수면에는 식물에 의해 수용되는 기체의 양이 풍부하고, 광합성에 필요한 햇빛도 물속까지 뚫고 들어간다. 이러한 수중식물은 식물의 어떤 부분에는 있고 어떤 부분에는 없는 물질을 필요한 곳으로 운반해주는 물관이나 체관이 없다. 반면에 육상식물은 물과 무기질을 흡수하는 부분과 광합성이 일어나는 부분이 너무 멀리 떨어져 있다. 그 때문에 육상식물에는 잎맥, 즉 관다발이라고 하는 물질 수송관이 있다. 초기 해부학자들이 동물의 몸속에서 액체가 흐르는 혈관이나 림프관이 식물의 관다발과 유사하다고 보고 붙인 이름이다. 경엽식물은 그런 관다발로 인해서 관다발식물(관속식물)이라는 또 다른 이름을 얻었다.

관다발은 혈관 모양의 긴 조직이다. 사람의 혈관은 외적으로는 결합조직과 근육세포로 구성된다. 반면에 식물의 관다발은 세포에서 생겨나는데, 세포의 이른바 세포벽은 긴 사슬 모양의 당인 셀룰로오스로 구성된다. 이 세포벽에는 식물의 조직을 나무로 만드는 목질소 리그닌이 축적될 수 있다.

하나의 식물 조직은 수많은 세포들로 구성된다. 새로운

세포는 처음에는 식물의 바깥쪽 끝부분인 뿌리 끝과 줄기 끝, 잎의 끝에서 생성되며, 새로 만들어지는 세포는 무척 작고 원형질이 풍부하다. 이 세포들은 분열되지만 거의 자라지 않는다. 세포 분열이 일어나는 지대를 분열조직, 또는 1차 분열조직이라고 하는데 식물의 끝부분에 있기 때문에 정단분열조직이라고도 한다. 이 분열조직으로부터 더 이상 분열하지 않는 세포들은 분열조직의 아래쪽이나 위쪽 영역으로 떨어져나간다. 그 과정에서 분열조직은 줄기나 잎의 끝을 형성하면서 위쪽과 바깥쪽으로 옮겨진다. 뿌리에서는 이 과정이 반대 방향으로 진행된다. 여기서는 분열조직이 아래쪽 뿌리 끝으로 옮겨지고 뿌리를 자라게 하는 세포들은 위쪽으로 보내진다. 이때 죽은 세포들의 점액질 구조는 뿌리 분열조직 내 벽이 연약한 세포들에 일종의 보호 모자를 제공한다. 세포들이 보호를 받지 못하면 모래와 같은 바닥의 입자들, 심지어는 아주 작은 흙 알갱이의 날카로운 모서리에 의해서도 즉시 파괴되기 때문이다. 이런 보호 모자를 뿌리골무라고 한다. 뿌리골무는 분열하는 세포들에 의해서 땅속으로 눌려지고, 뿌리는 서서히 길어진다. 뿌리골무의 점액 성분은 뿌리가 최대한 유연하게 땅속으로 미끄러지게 한다.

뿌리 성장의 주요 부분은 분열하는 세포에서 시작하지 않는다. 그보다는 분열조직에 의해서 내보내진 세포들이 뻗어나가며 뿌리를 자라게 한다. 이 과정에서 물과 무기질, 당이 세포로 흘러들어온다. 물과 무기질은 땅에서, 당은 광합성이 이루어지는 잎의 세포들에서 나온다. 세포의 원래 성분인 세포질은 세포 가장자리에 축적된다. 세포의 가장 큰 부분은 주머니 모양의 이른바 액포로 채워져 있다. 식물 세포를 연구하던 과거의 현미경학자들은 액포에서 아무것도 찾지 못했기 때문에 그들은 그곳을 빈 공간(공포라고도 불림)으로 여겼고, 진공 상태와 비슷하다고 보았다. 그래서 지금까지도 거기서 유래한 잘못된 이름(Vacuole)을 갖고 있다. 그러나 사실 액포는 물과 그 안에 녹아 있는 무기질과 영양소로 가득 차 있다. 액포의 경계는 원형질과 액포를 분리하는 피부의 일종인 막이고, 원형질은 또 다른 피부인 원형질막을 통해서 세포 바깥 영역과 나누어져 있다. 물과 물속에 녹아 있는 물질이 계속해서 액포 안으로 밀려들어오면 막은 점점 늘어난다. 그러면 결국에는 풍선처럼 터질 수도 있을 것이다. 그러나 그런 일은 일어나지 않는다. 액포 속 물질들에서는 바깥쪽 세포막에 기댄 보호 조직체가 만들어지기 때문이다. 바로 세포벽이다. 세포벽은 긴 사슬 셀룰로오스 분자들로 합성된 당 성분들로 구성된다. 이들은 시간이 지나면서 점점 더 촘촘하게 중첩되어 결국에는 그물처럼 엮어 짠 견고한 구조를 얻게 되며, 그 때문에 세포막이 터지지 않는다. 세포의 구성 물질인 당은 광합성을 통해 수용성의 형태로 생성되며 그 형태로 운반된다. 그런 다음 각 세포들의 액포에서 셀룰로오스로 결합되어 길어지면 물에 녹는 성질을 잃어버린다. 그러면 그 어떤 식물에서도 다시 용해되지 않고 어떤 동물에 의해서도 분해되지 않을 만큼 견고해진다. 특정한 단세포 생물들만이 셀룰로오스를 분해할 수 있는데, 이를 위해서는 셀룰라아제라는 특별한 효소가 필요하다.

세포벽은 적절하게 선택된 개념이 아니다. 세포의 바깥쪽 경계는 세포벽이 아니라 세포막이기 때문이다. 세포벽은 이웃한 두 세포의 세포막 사이에 놓여 있다. 식물의 몸체에 안정성을 부여한다는 점에서는 벽과 공통점이 있다. 그러나 셀룰로오스 섬유 옆을 따라 물이 흐르고, 각 세포들에는 셀룰로오스 섬유를 통해 물과 세포에 필요한 무기질도 공급된다. 이는 우리가 생각하는 벽의 이미지와는 맞지 않는다. 그 밖에도 셀룰로오스 섬유 사이에는 모든 세포로 밀고 들어가야 할 공기가 들어 있다. 땅속 공간에는 특히 뿌리 세포의 세포 호흡에 필요한 산소가 있다. 세포에 도달한 당 분자의 일부는 셀룰로오스로 결합되지 않고 세포 호흡에서 분해된다. 이때 산소가 소비되면서 에너지가 방출되는데, 이 에너지는 세포가 가능한 모든 생합성을 하는 데 필요하다. 특히 셀룰로오스 합성에 필요하다.

바깥쪽 뿌리 근처에 놓인 분열조직들과 멀지 않은 곳에 있는 벽이 아주 얇은 세포들로부터 '뿌리의 피부'라는 뜻의 뿌리 표피가 생성된다. 아직 어린 세포들의 얇은 벽을 통해서 땅속의 물과 무기질은 뿌리에 도달하게 된다. 뿌리표피 세포는 표면적이 특히 넓은데, 그 세포들 중 일부의 표면이 돌출하면서 뿌리털이 자라나오기 때문이다. 뿌리털은 땅속 암석 입자들 사이에 자리를 잡으며, 이 뿌리털을 통해서 어린 뿌리표피 세포는 더 많은 물과 무기질을 흡수한다.

한 무기질에서 양전하를 띤 모든 이온은 뿌리 표면에서 수소 이온과 교환된다. 칼륨 이온이 뿌리에 도달하면 동시에 수소 이온(또는 양성자)이 땅으로 방출되고, 두 개의 수소 이온은 2가 양이온의 마그네슘과 교환된다. 식물은 이런 방식으로 무기질을 얻고 땅에는 수소 이온이 쌓인다. 수소 이온들은 땅을 산성으로 만들기 때문에 그곳의 암석 입자들은 땅속 산에 의해 부식된다. 그러면 식물의 뿌리에 의해 흡수될 수 있는 또 다른 무기질 이온이 방출된다. 뿌리털의 연약한 세포벽이 모서리가 날카로운 땅속 입자에 손상되기까지는 오래 걸리지 않는다. 벽과 특히 세포막이 파괴되면 뿌리표피 세포에서 액체가 빠져나와 그 기능을 잃게 된다. 그러면 파괴된 세포의 나머지 세포벽 구성 물질들은 일종의 보호 표피가 되어 뿌리에 남는다. 그러는 동안 뿌리에서 조금 더 깊은 곳에서는 벌써 새로운 뿌리털이 다시 형성되어 물과 무기질을 흡수한다. 이제는 얼마 전까지 이온 교환이 이루어졌던 곳보다 더 많은 무기질이 있는, 조금 더 깊은 땅속 영역에서 흡수한다.

뿌리는 점점 더 깊이 땅속으로 밀고 들어간다. 무엇보다 아래로 뻗어 내려가려는 어린 세포들의 성장 때문이다. 이 과정에서 뿌리 끝에 있는 뿌리골무의 점액질 외피는 분열조직을 보호한다. 온전한 뿌리털의 위치는 끊임없이 바뀌기 때문에 땅속에서 무기질 입자들이 이용되는 곳도 계속 바뀐다. 땅속에 쌓이는 산은 점점 더 많은 지하 암석을 부식시켜 끊임없이 새로운 무기질 입자들이 방출된다. 새 뿌리는 계속해서 땅속으로 밀고 들어갈 수 있으며, 그 과정에서 새로 방출된 무기질 이온을 받아들일 수 있다.

땅속에 존재하는 물질들은 뿌리에 의해서 일단은 모두 흡수된다. 물에 녹은 상태의 물질들은 세포들의 셀룰로오스 섬유를 따라 뿌리 안쪽에서 내피까지 도달한다. 내피는 물을 받아들이지 않는 밀랍으로 이루어져 있어서 물에 녹아 있는 물질을 포함한 물은 이 차단막을 통과하지 못한다. 모든 식물에 존재하는 내피는 당근의 두꺼운 저장뿌리에서 특히 잘 볼 수 있다. 뿌리채소로 사랑 받는 당근을 가로로 잘라 보면 더 밝은 색을 띤 둥근 띠 모양이 특징적으로 나타난다.

세포의 내부에서만 물과 무기질이 계속해서 뿌리 안쪽 부분인 중심주까지 도달한다. 큰 유기 분자나 바이러스는 보통 세포 내부까지 통과하지 못하기 때문에 더 이상의 운반 과정에서는 배제된다. 물과 무기질의 운반은 세포들 사이의 원형질 결합에서 이루어진다. 식물을 손상시키는 물질들이 내피까지, 뿌리 속까지 밀고 들어갈 수 있다는 점이 이상하게 생각될 것이다. 그러나 유해물질의 진입을 바깥쪽 뿌리에서부터 막아야 할 세포층은 모서리가 날카로운 흙 입자들뿐 아니라 땅속에서 살아가는 유기체, 인간이 사용하는 삽에 의해서도 쉽게 손상될 수 있다. 그래서 내피가 뿌리 안쪽으로 더 깊은 곳에 놓여 있을수록 바깥쪽 세포가 손상되더라도 제 기능을 온전히 유지할 수 있는 것이다.

뿌리의 정중앙에는 중심주가 놓여 있고, 여기서 물과 무기질이 위쪽의 줄기와 잎으로 운반된다. 그러나 여기서는 당 분자들도 분열조직과 성장하는 세포들이 있는 아래쪽으로 운반된다. 이러한 당 분자들에서는 특히 셀룰로오스가 형성되며, 나아가서는 세포벽에 축적되는 리그닌도 형성된다. 세포벽은 이를 통해서 목질화되고 매우 견고해진다.

잎에서도 뿌리와 비슷한 방식으로 새로운 세포들이 만들어진다. 세포는 잎의 끝부분에서 분열하는데, 분열한 세포들의 길이가 길어지고, 분열조직을 앞으로 밀어 움직이면서 잎이 성장한다. 이는 액포가 더 커지고 세포벽이 구축된다는 것을 의미한다. 따라서 이 세포에도 물이 밀고 들어와야 하며, 무기질은 나무의 경우 뿌리에서 수 미터까지 멀리 떨어진 곳에 있는 세포들에 도달할 수 있어야 한다. 잎 세포는 흡습성이 뛰어나 물을 끌어들이는 작용을 하는 칼륨을 받아들인다. 따라서 물과 무기질이 모든 잎 세포들로 운반된다. 잎 세포는 증산작용을 통해서 물을 공기 중으로 배출하는데, 이때 증산작용은 빠져나간 물을 뿌리에서 끌어올리는 힘으로도 작용한다. 이를 통해서 뿌리 공간의 물과 무기질이 끊임없이 잎 공간으로 운반된다.

잎은 광합성을 위해서도 물이 필요하다. 광합성을 통해 수용성 당이 합성되고, 수용성 당은 에너지를 공급하기 위해 세포 호흡 과정에서 다시 분해될 수 있다. 그러나 이 수용성 당은 긴 사슬의 수용성 당 분자들과 셀룰로오스 분자를 합성할 뿐만 아니라 다른 모든 유기물을 만들어낼 수 있는 원료이기도 하다.

뿌리와 잎 사이에는 고등 식물의 줄기가 있다. 줄기는 일단 유조직 세포라고 하는 아주 평범한 세포들로 구성된다. 이 세포 안에는 둥근 띠 모양으로 배열된 여러 개의 관다발이 들어 있으며, 관다발에서는 물질들이 뿌리에서 잎으로, 그리고 그 반대 방향으로 운반된다. 물과 무기질이 뿌리에서 잎으로 운반되는 과정은 관다발의 물관부에서 이루어진다. 주요 운반 통로 역할을 하는 물관부 세포들은 죽은 세포들로, 이른바 2차 분열조직인 형성층에 의해서 만들어진다. 즉 줄기의 관다발 안에서도 뿌리와 잎의 끝부분에서처럼 세포 분열이 일어나는 것이다. 관다발의 형성층에서는 물관부 세포들이 안쪽으로 배출된다. 이 세포들은 세포벽에 목질소인 리그닌이 쌓여 있기 때문에 목질 세포로도 불린다. 물관부(목질부)를 이르는 자일렘Xylem은 나무를 뜻하는 고대 그리스어 크실로스xylos(또는 자일로스)에서 유래한다. 리그닌이 축적되면 물관부 세포의 세포벽은 세포가 죽어도 무너지지 않을 정도로 견고함을 얻게 된다. 여러 개의 물관부 세포가 관 모양의 통로로 합쳐지고 그 길을 따라 물이 뿌리에서 잎으로 흘러들어간다.

형성층의 분열조직은 바깥쪽으로는 체관부 세포들을 배출한다. 체관부 세포들은 다시 한 번 (죽은) 체세포(또는 사세포)와 동반세포로 분열된다. 당의 주요 운반 통로인 체세포에서는 잎에서부터 식물 내 여러 소모 장소로 당이 운반되고, 동반세포에서는 그 운반이 통제된다. 초본식물에는 관다발 사이에 유조직 세포들로 이루어진 넓은 영역이 있다.

초본 줄기에서는 목질화된 줄기가 나올 수 있다. 이를 위해 각 관다발의 분열조직들은 하나의 형성층 고리로 결합된다. 이 형성층 고리로부터 목본식물의 이른바 2차 비대생장이 시작된다. 이때는 관다발 내부와 외부를 비롯해 줄기의 모든 영역에서 세포가 분열한다. 이로 인해 각 관다발들이 넓어지며, 마지막에는 유조직 세포로 이루어진 아주 가늘고 긴 방사조직(또는 사출수)들에 의해서만 서로 구분된다. 형성층에서는 계속해서 물관부 세포들이 줄기의 가운데 방향으로 만들어지는데, 이들은 형성층에서 바깥쪽으로 생성되는 수피 세포나 체관부 세포들과 분리된다.

물관부 세포들이 매년 끊임없이 안쪽을 향해 형성된다면, 줄기에 있는 형성층의 분열조직 영역은 서서히 바깥쪽으로 이동한다. 그 분열조직 내부에는 죽은 목질 세포나 물관부 세포만 있는 반면, 아래쪽으로 향하는 당이 포함된 물질 흐름의 주요 통로들은 바깥쪽인 나무껍질 안에 있다. 특히 당을 운반하는 통로는 매년 새로 만들어져야 한다. 따라서 나무는 줄기에서 바깥쪽으로는 체관부 세포를, 안쪽으로는 목질 세포들을 배출해야만 계속 살아갈 수 있고, 그 과정에서 비대생장을 하면서 해마다 점점 두꺼워진다. 이런 방식으로 자라지 못하면 나무는 온전한 수피 세포들을 더 이상 갖지 못하고 죽어버린다.

열대의 숲에서 자라는 나무에서는 서로 별 차이가 없는 목질 세포들이 일 년 내내 만들어진다. 그래서 계절 변화가 있는 지역에서 자라는 나무와는 달리 목질 형성에 규칙적인 형태가 없다. 온대 지방의 나무에서는 봄에 세포 내부가 상당히 큰 목질 세포들이 생성되며, 이 세포들을 통해서 많은 양의 물과 무기질이 빠르게 전달될 수 있다. 이는 나무가 빠르게 성장하고 물이 많이 필요한 계절에 필연적인 일이다. 그러나 봄에는 나무의 광합성 작용이 아직은 활발하지 않고 당과 셀룰로오스도 적게 생성된다. 그 때문에 나무줄기에는 벽이 얇은 세포들만 생겨날 수 있다. 그래서 봄에 형성되는 목질인 춘재는 옅은 색의 벽이 얇고 내부가 넓은 세포들로 이루어지며, 공업 재료인 목재에 탄력성을 준다. 그러다가 여름부터는 비로소 벽이 훨씬 두껍고 내부가 좁고 작은 세포들이 만들어지며, 여기에는 훨씬 많은 셀룰로오스와 리그닌이 축적된다. 늦게 형성된 이런 목질을 추재라고 하는데, 춘재에 비해 색깔이 짙고 밀도가 높으며 단단하다. 겨울에는 나무가 비대생장을 하지 않는다. 나무는 성장 시기에 따라서 옅은 색과 짙은 색을 띠는 목질층이 서로 교대되어 형성된다. 이것이 바로 나이테로, 베어 낸 나무의 줄기에서 나이테의 개수를 헤아려보면 그 나무의 나이를 알 수 있다. 나이테는 나무를 단단하면서도 탄력성 있는 매우 특별한 건축 자재로 만들어준다.

한편, 방사조직의 유조직 영역은 목재에서 쉽게 확인할 수 있다. 방사조직의 세포는 방사형으로 나온다. 목재는 이 방사조직을 따라 쪼개진다. 그 때문에 아주 굵은 목재를 쪼갤 때 나오는 조각들은 항상 원뿔형이다. 이런 목재는 두 개의 방사조직 사이에서 한쪽은 줄기의 더 강하게 휘어지고 더 빨리 형성된 목질에서, 다른 쪽은 줄기 주변부의 더 늦게 생겨난 부분으로 인한 것이다.

경엽식물이나 나무는 그 자체로 완성된 유기체다. 그러나 나무는 동물과는 공통점이 많지 않다. 나무는 뿌리에서 물과 무기질을 흡수하고, 동물도 부양할 수 있는 당이나 영양소는 수관부에서 생성한다. 나무의 각 영역들 사이에서는 물질대사가 이루어진다. 그것은 물리적-화학적 과정의 토대 위에서 작동한다. 나무에는 동물의 혈액순환을 담당하는 심장과 같은 중심 기관이 없다. 어떤 식물도 동물처럼 신경을 가지고 있지 않으며, 신경을 찾으려 하는 건 식물의 본질에, 또는 영혼에 맞지 않다. 식물은 신경이 없는 존재로서 통증을 느끼지 않는다. 동물처럼 먹이를 찾아다닐 필요가 없고, 식물 스스로 양분을 만들어낸다. 동물은 스스로 양분을 만들어내지 못한다. 동물의 유기체는 필요한 무기질을 무엇보다 식물을 먹는 것으로 충당한다.

동물은 식물 없이는 살아가지 못한다. 식물은 동물이 먹는 유기물을 합성하고, 동물이 호흡하는 데 필요한 산소를 배출하며, 동물의 먹이에 포함되어야 할 무기질까지도 흙에서 흡수하기 때문이다. 그에 반해 동물이 없는 식물의 삶은 충분히 생각할 수 있다. 물론 동물은 꽃가루와 열매, 씨를 퍼뜨려 식물의 번식을 돕지만 많은 식물이 거기에만 의존하지는 않는다. 숲이나 다른 생태계를 평가하기 위해서는 동물보다는 식물을 연구하는 일이 항상 더 중요하다. 다만 대다수 사람들이 식물이 아닌 동물을 통해서 생태계에 접근한다는 것이 문제다.

03

석탄숲에서 오늘날의 숲으로

지금으로부터 약 40억 년 전에 지구상에 처음으로 생명 현상이 나타나기 시작했다. 이런 문장은 어떻게 이해해야 할까? 대답하기 어려운 문제다. 생명의 시작에는 처음부터 무수히 많은 과정이 포함되었고, 그 과정들은 어느 순간부터 갑자기 동시적으로 진행되기 시작했을 것이다. 그런 과정들의 개별적인 부분은 어느 정도까지는 상세하게 설명될 수도 있다. 그러나 하나의 생명체가 살아가는 데 필요한 수많은 조건들이 어떤 과정을 거치며 축적되었는지를 설명하기란 매우 어렵다. 먼저 지구 표면에는 온도 차이가 별로 없는 물이 존재했을 것이다. 또한 이른바 '원시 바다'로 불리는 이 물에는 특정한 유기물이 있어야 했을 것이다. 다만 아직은 유기체가 존재하지 않았기 때문에 유기체에서 생성된 유기물은 아니었을 것이다. 그런 물질들이 일정한 질서 속에서 서로 결합되었을 것이고, 그런 다음에는 물질대사의 부분들인 수많은 화학 반응이 시작되었을 것이다. 아니, 화학 반응들은 그전부터 이미 시작되었을 것이다. 그것은 하나의 생물이 기능하기 위한 전제 조건들이기 때문이다.

우리가 미생물이라고 부르지만, 실은 식물이라고도 할 수 있는 이 생명체들은 이때부터 광합성을 했다. 이들은 물과 독립적인 삶에 필요한 모든 무기질에 둘러싸인 채 바다에서만 살았고, 그렇게 오랜 시간이 흐르는 동안 광합성 과정에서 곧바로 분해되지 않는 유기물들이 탄생했다. 이러한 사실은 광합성의 또 다른 산물, 처음에는 지구 표면에 존재하지 않았지만 오늘날에는 많이 퍼져 있는 산소 분자를 통해 알 수 있다. 산소 분자는 유기물이 만들어지던 때와 같은 시기에 방출되기 시작했으며, 유기물들은 더 짧거나 긴 시간 동안 지구 표면에 저장되어 있었다. 이 유기물들은 태울 수도 있었을 것이다. 그러나 그 과정에서 모든 산소가 소진되었을 것이고, 지구상에 존재하는 거의 대부분의 생명은 파괴되었을 것이다.

이어진 생명의 진화는 또 다른 수많은 과정에 의해 결정되었다. 그런 과정들 역시 개별적으로는 어느 정도 이해될 수 있지만, 그들의 복잡한 상호 작용은 여전히 비밀에 쌓여 있다. 그럼에도 불구하고 그런 복잡한 상호 작용이 없었을 거라고 가정할 근거는 전혀 없다. 생명과 생명의 다양성 발전이라는 그 결과가 너무도 명백하기 때문이다.

바다에는 조류의 군락이 형성되었고, 이들은 수 미터 길이에 이르는 엄청난 크기로 발전했다. 육안으로 볼 수 있는 거대 조류는 얕은 물속에 촘촘하게 군락을 이루어 살아간다. 그런 군락을 다시마숲이라고 부르는데, 북해 헬골란트섬 해안과 세계 곳곳의 수많은 가파른 해안에 존재한다. 이 조류들의 줄기와 잎처럼 생긴 구조는 수면과 태양을 향해 뻗어 있는 것처럼 보이지만, 실제로 수중식물을 똑바로 서 있게 하는 건 부력이다.

40억 년이 지나도록 지구상의 생명은 전적으로 물에서만 발전했다. 첫 육상식물의 흔적은 지질 시대로는 약 4억 년 전에 해당하는 실루리아기 상층과 데본기 하층의 퇴적층에서 발견되었다. 육상식물은 물 근처에서 성장했지만, 수중식물과는 구별되는 여러 가지 특징을 발전시켜야 했다. 부력 대신에 조직으로 몸을 곧게 지탱해야 했고, 이 조직은 견고한 상태를 유지시키는 성분을 가진 세포들로 이루어져야 했다. 공기 중에서는 물속보다 부력이 적기 때문이다. 실제로 첫 육상식물의 물관과 체관 속 세포벽은 목질소인 리그닌을 이미 포함하고 있었다. 물관과 체관은 식물의 몸체를 안정시켰을 뿐만 아니라 뿌리와 잎 사이의 물질대사도 가능하게 했다. 그 밖에도 육상식물은 줄기와 잎에서 물이 임의로 빠져나가는 것을 막아주는 밀랍 층 표피 조직도 필요했다. 이 표피 조직에는 잎과 줄기의 외부 환경과 기체 및 물 교환을 조절할 수 있는 구멍, 즉 기공이 있어야 했다. 기공은 주변 세포에 물이 조금밖에 없으면 닫히고 모든 세포에 물이 충분할 때는 열린다.

첫 육상식물 중 어떤 개체는 아직은 어느 정도, 또는 완전히 물에 둘러싸여 있을 때부터 이미 다른 많은 개체들 중에서 어쩌면 유일하게 그 모든 특징을 갖고 있었을 것이다. 그래서 그런 특징을 갖추지 못한 다른 개체들이 물 밖에서 죽어버렸을 때도 살아남을 수 있었을 것이다.

이렇게 살아남은 육상식물에서 서서히 촘촘한 식물계가

형성되었다. 잎을 가장 멀리까지 뻗어 그늘에 가려지지 않는 식물은 광합성에 필요한 햇빛을 가장 잘 이용했고, 가장 많은 유기물을 만들어낼 수 있었다. 자연선택의 조건하에서 높이 자라는 식물들이 가장 왕성하게 발달했고, 이들의 그늘에 가려진 모든 식물은 불이익을 받아 더 천천히 성장했다. 다만 그러한 성장을 위해서는 뿌리 공간에 물이 충분히 있어야 했고, 식물들 주변의 습도도 높아야 했다. 그렇지 않다면 가장 높이 자란 식물은 가장 많은 물을 배출해 시들어버렸을 것이고, 그늘에서 자라는 식물은 광합성 작용은 활발하지 못해도 물은 가장 풍부하게 확보했을 것이기 때문이다. 그러나 가장 높이 자란 식물은 단단한 줄기를 만들어냈으며, 잎은 작고 밀랍 층으로 덮여 있어 건조한 외부 환경에서도 물 손실이 적었고 생존하기 좋은 기회를 가질 수 있었다. 그렇게 시간이 흐르는 동안 다른 모든 식물보다 훨씬 높이 자라는 나무가 탄생했을 것이다.

거대 조류가 물속에 홀로 존재하지 않았던 것처럼 나무도 서로 고립된 채로 있지 않고 숲을 형성했다. 숲이 촘촘해질수록 강한 바람이 불더라도 나무들이 쓰러져 숲이 파괴될 위험도 적어졌다. 그런 위험에 저항하는 건 나무나 숲의 '의도'가 아니었다. 그보다는 홀로 서 있던 나무들은 모두 쓰러졌고, 서로 촘촘하게 붙어 자라며 서로의 보호막을 형성하고 산림 기후를 탄생시킨 나무들만 살아남은 것이다.

말은 간단하고 쉬워 보이지만 이러한 진화 과정에 이르기까지는 약 3천만 년이 흘렀다. 육지에 최초의 식물이 자라기 시작한 순간부터 지구상에 처음 숲이 형성되기까지는 이처럼 오랜 시간이 흘러야 했다. 데본기 말과 이어지는 석탄기인 3억 7천 년 전에 처음 존재한 숲은 그 이후부터 항상 처음에는 작은 지역에서 시작해 점점 더 넓은 지역을 뒤덮었다. 이 말은 지구 표면에 탄소를 함유한 물질이 점점 더 많이 축적되었고 점점 더 많은 산소가 대기 중으로 퍼져 나갔다는 것을 의미했다. 대기의 산소 농도가 높아지고 이산화탄소가 줄어들수록 지구 표면 근처의 온도는 점점 더 많이 낮아졌다.

차례로 생겨난 숲의 나무들은 서로 뚜렷하게 구분되었다. 최초의 나무들은 아직 2차 비대생장을 보이지 않았고 야자수와 유사하게 1차 비대생장만 보였다. 이 나무들은 식물의 끝부분에서만 세포들이 분열했고, 세포들이 형성된 뒤로는 줄기가 더는 두꺼워지지 않았다. 이는 물관부가 해마다 새로 만들어지지 않는다는 것이며, 평생을 처음부터 가지고 있던 물관들로만 꾸려 나가야 했다는 것을 의미했다. 따라서 이 물관들은 추위나 다른 이유로 손상을 입지 않아야 했다. 그래서 이 나무들은 처음에 추위가 없는 열대 기후 조건에서만 존재했고, 그 밖에도 물이 충분히 마련된 곳에서만 살 수 있었다. 뿌리 주변의 물을 수 미터 높이까지 빨아들이는 흡입력이 아직은 그렇게 크지 않았기 때문이다.

이어서 2차 비대생장이 일어난 나무들이 합류했다. 석송과Lycopodiaceae에 속하는 봉인목Sigillaria과 인목류Lepidodendron, 나무 형태의 쇠뜨기와 양치류였다. 석탄 퇴적층에서는 막대한 양의 죽은 봉인목과 인목류의 화석이 발견되었다. 이 식물들은 약 30m 높이까지 자랐고 줄기는 2m 정도에 이르렀다. 나무들은 늪지에서 자랐기 때문에 단순한 형태의 관 조직만으로도 나무 전체에 물을 공급하기에는 충분했다. 또한 이 나무들은 바늘 모양의 작은 잎들이 달려 있어서 잎을 통해 공기 중으로 배출되는 물의 양도 적었다. 비록 늪에서 자라는 동안 물을 풍부하게 공급받을 수는 있었지만, 그런 잎의 형태 덕분에 나무들이 시들지 않을 수 있었다. 오늘날 대부분의 숲이 형성되어 있는 더 건조

석탄기의 육상식물. 에두아르 리우의 판화, 1863년

한 곳에 있었다면 석탄기의 나무들은 물을 충분히 공급받지 못했을 것이다.

이 나무들이 늙어 죽거나 폭풍우에 쓰러진 경우에는 그 줄기가 오늘날까지도 잘 보존되어 있어서 상당히 많은 해부학적 세부 사항들을 확인할 수 있다. 늪의 지하수위 아래쪽에 퇴적되는 바람에 미생물에 의해 분해되지 않았기 때문이다. 셀룰로오스나 리그닌 같은 유기물을 분해하는 생물은 유리산소를 필요로 하는데, 늪에는 그런 유리산소가 전혀 없거나 생물들에게 필요한 만큼 충분하지 않다.

죽은 줄기들로부터 처음에는 부식토나 이탄(또는 토탄)이 형성되었고, 그 위에 또 다른 퇴적물이 계속해서 쌓여 갔다. 이탄은 압착되어 돌처럼 단단해졌고, 처음에는 갈탄으로, 이어서 석탄으로 변했다. 이 과정에서는 엄청난 압력 아래에서 탄화수소 덩어리가 순수한 석탄으로 되는 석탄화 작용이 일어났다. 불에 태우지 않는 한 석탄은 땅속 깊은 곳에서 거대한 탄소 저장소를 형성한다.

석탄기 말기와 이어지는 페름기 초에는 오늘날 침엽수의 전신이라고 할 수 있는 최초의 나무들이 자라기 시작했다. 당시에는 나이테를 가진 최초의 나무들도 존재했다. 이 나무들의 구조는 화석으로서 오늘날까지 보존되어 있다. 이런 화석들을 통해서 당시에는 열대와 비슷한 기후 조건 때문에 일 년 내내 성장할 수 있는 나무들뿐 아니라 성장 시기와 성장을 멈추는 시기가 교대로 나타나는 나무들도 있었다는 사실을 알 수 있다. 성장이 멈추는 휴지기는 해마다 나타나는 춥거나 건조한 조건에서 야기되었을 것이다. 물이 부족하거나 추운 기간은 건기로서 나무에 영향을 미쳤다. 이 시기에는 나무가 계속 자라지 못했고 기후 조건이 좋아진 뒤에야 다시 새로운 세포들을 만들어냈다.

침엽수나 구과목(방울열매가 달리는 나무)은 일찍부터 건조한 지역과 지하수와 멀리 떨어진 땅에서 자라는 전형적인 식물이 되었다. 이 식물의 물관부는 세포 내부가 아주 작은 헛물관으로 이루어졌기 때문에 많은 양의 물이 줄기에 이르지 못했다. 그러나 헛물관의 좁은 세포에서 작용하는 모세관 현상이 세포 안에 물을 붙잡아두게 했다. 물이 더 많은 시기에나 적은 시기에나 뿌리에서 운반된 아주 적은 양의 물과 무기질은 땅에서 멀리 떨어진 나무의 수관부까지 도달했다. 그러면 물은 모세관 현상에 의해 좁은 헛물관 안에서 빠져나가지 않았다.

침엽수는 특히 온대 지방에서 계절에 따른 기후 조건 아래에서 확산되었다. 늦어도 약 1억 5천만 년 전인 쥐라기 말기나 백악기 초, 어쩌면 그보다 일찍부터 지구상에는 속씨식물이 존재했고, 그로써 본래적인 종자식물이 존재했다. 모든 활엽수는 속씨식물이다. 속씨식물은 많은 곳에서 침엽수를 밀어냈다. 침엽수보다 빨리 자라고 더 넓은 영역에서 광합성을 할 수 있었던 덕분이다. 활엽수의 잎은 침엽수의 잎보다 컸다. 그 때문에 햇빛이 광합성을 하는 세포들에게 더 많이 닿을 수 있었다. 게다가 물과 무기질을 운반하는 관다발 체계의 능력도 더 뛰어났다. 활엽수에는 침엽수에도 있는 헛물관 이외에도 내부 통로가 넓은 물관 세포(물관 요소)들이 있다. 왜 어떤 나무는 그런 구조를 갖고 있고 어떤 나무는 그렇지 않은지 설명하기란 항상 어려운 일이다. 건기에 활엽수와 침엽수에서는 물과 무기질이 좁은 헛물관으로 운반될 수 있다. 그러나 물 공급이 많을 때 활엽수는 넓은 물관 세포를 통해서도 훨씬 많은 양의 물이 도달하게 되는데, 이는 온대 지방에서는 특히 봄에 중요하다. 그래서 넓은 물관 세포들은 춘재에 발달한다.

전체적으로 지구의 역사가 흐르는 동안 언제나 다른 숲들이 존재했다. 새로운 식물이 자라났고 이전에 생겨난 유형들을 밀어냈다. 아주 느린 속도로 이루어진 서로 다른 숲 유형의 생성과 소멸은 지구 표면에서 마찬가지로 아주 서서히 진행된 대륙 이동과 같은 시기에 이루어졌다. 원래는 하나였던 대륙 덩어리는 수백만 년이 지나는 동안 아주 느린 속도로 온대에서 북극 지대나 열대로 움직였다가 다시 반대로 움직였다. 그 과정에서 몇 개의 대륙 덩어리가 서로 떨어져 나왔고 식물의 성장 지역도 서로 분리되었다. 그때부터 식물들은 서로 영향을 받지 않은 채 독립적으로 발달했고 서로 다른 식물종들이 탄생했다. 대륙 덩어리들은 서로 충돌하기도 했다. 이미 수백만 년 동안 지속되고 있는 대륙 덩어리들의 충돌을 지금은 유럽에서 체험하고 있다. 아프리카 대륙이 북쪽으로 이동하면서 유럽을 형성한 대륙 덩어리와 충돌하기 때문이다. 두 대륙의 충돌은 알프스 산맥과 그 이웃에 있는 피레네 산맥과 카르파티아 산맥 같은 고산 지대를 형성했다. 오늘날 이 산맥들은 유럽에 서쪽에서 동쪽으로 뻗은 장벽을 구축해 식물들이 고산 지대의 한쪽에서 다른 쪽으로 퍼져나가는 것을 어렵게 만든다.

대륙 이동이 진행되는 아주 오랜 시간 속에서 자연선택의 조건들이 변했고, 그 조건들은 무엇보다 가용할 수 있는 물의 양에 영향을 받았다. 더 건조한 입지와 추운 지역에서도 생존할 수 있는 나무들이 더 많아지면서 숲이 생겨나는 곳도 점점 많아졌다. 나무에 물이 충분히 공급되는 지역은 더 많은 곳이 숲으로 뒤덮일 수 있었다. 따라서 시간이 지나는 동안 서로 다른 숲들이 발달했고, 이런 숲에는 점점 더 많은 탄소가 저장되었다. 또한 대기 중의 산소 농도도 계속해서 증가했다.

식물계와 함께 동물계도 발달했다. 대륙 덩어리 사이에 있는 해협은 식물보다는 동물이 생존하기에 더 좋은 곳이 되었다.

그 밖에도 진화의 과정은 대재앙에 의해서도 영향을 받았다. 가령 약 6600만 년 전, 멕시코 유카탄반도에는 거대한 운석이 떨어지면서 칙술루브 분화구가 형성되었다. 이때의 운석 충돌은 거대한 폭발과 해일, 가스 방출을 일으켰고, 엄청난 양의 먼지로 인해 광합성이 제한되었다. 이는 분명 지구상의 생물 진화 방향에도 변화를 일으켰고, 많은 생물종이 사라졌다. 우리는 그 사실을 충돌 이전인 백악기의 화석 구성이 그 뒤에 이어지는 제3기, 즉 팔레오기와 다르다는 것에서 알 수 있다. 그러나 운석 충돌 이전과 이후에도 많은 동식물 유형이 존재했고, 수많은 종의 진화는 이후로도 계속 이어졌다.

모든 대재앙이 지나고 난 뒤 새로운 숲들이 발달했다. 전체적으로 숲으로 뒤덮인 면적이 증가했다. 식물들도 점점 더 많은 곳에서 자랐다. 처음에는 바다에서만 자랐다면 이후에는 바다 근처, 늪지, 그 밖에 축축하거나 점점 더 건조해지는 곳으로 서식지를 넓혀갔다. 그리고 이러한 모든 곳에서는 광합성률이 가장 높고, 뿌리에서 꼭대기까지 물을 가장 효과적으로 운반할 수 있는 식물들이 가장 잘 살아남았다. 이 과정은 오늘날까지도 종결되지 않았다. 원칙적으로는 지구상에 생명이 존재하는 한 계속 진행된다.

04

생태계로서의 숲

숲은 나무들로만 이루어지지 않는다. 목본식물은 매우 복잡한 생태계에 편입되어 있다. 이와 관련해서는 우선 나무들과 눈에 잘 띄지 않는 생물들 사이의 생태계적 결합을 언급해야 한다. 이 생물들 중 일부는 현미경으로만 관찰할 수 있는 단세포 생물로, 이들은 생태계에서 다른 모든 유기체에 종속된 동물보다 훨씬 중요하다. 동물이 수행하는 근본적으로 중요한 물질대사 과정은 산소를 소비해 유기물을 분해하는 호흡이 유일하다. 이때 유기물에 저장된 화학 에너지를 유기체들이 이용할 수 있다. 동물은 식물을 먹거나 자기보다 먼저 유기물을 섭취한 다른 동물을 통해 그 유기물을 먹이로 섭취한다. 식물의 녹색 부분에서는 추가로 광합성이 일어난다. 주변에 식물이 존재하지 않으면 동물은 살아가지 못한다. 식물들 안에서 유기물이 합성되고, 이 유기물이 식물과 동물에 의해서 다시 분해되는 과정에서 유기체에 필요한 에너지가 생성되기 때문이다. 이는 물론 인간에게도 해당된다.

그에 반해 대부분의 식물은 주변에 동물이 없어도 살 수 있다. 다만 생태계 내에서 특별한 의미를 지니는 세균과 균류의 물질대사 활동에 적잖이 영향을 받는다. 나무는 그들 중 일부와 공생 관계를 맺는다. 생물학에서 말하는 공생은 종류가 다른 생물이 서로 이익을 주고받는 관계로 결합된 채 살아가는 것을 의미한다. 다른 많은 고등 식물과 나무에서는 뿌리와 균류의 결합이 이루어지는데, 이러한 공생 관계로 맺어진 뿌리를 균근mycorrhiza이라고 한다. 고대 그리스어로 균류를 뜻하는 'mykes'와 뿌리를 뜻하는 'rhiza'에서 유래한 개념이다.

균류는 수십 년 전만 해도 식물로 여겨졌지만, 오늘날에는 생물의 분류 체계에서 동물계와 식물계와 함께 고유한 하나의 '계'로 분류된다. 균류는 식물과 동물 모두와 공통점을 갖는다. 균류는 움직일 수 있는 대다수 동물들과는 달리 고착해서 살아간다는 점이 식물과 같은 점이다. 그런가 하면 대다수 식물의 특징인 광합성을 하지 못하는데, 이는 동물과 같은 점이다.

균류는 균사라고 하는 섬세한 실 모양의 사상체를 형성한다. 균사 안에 차례로 배열된 세포들은 벽으로 분리되어 있지 않다. 그래서 균사는 실처럼 가늘고 기다란 관과 비슷한데, 이 관들을 통해 원형질이 이동한다(원형질 유동). 수많은 균사는 하나의 집단을 이루어 균사체를 형성하며, 물과 토양의 무기질, 식물이 광합성에서 합성한 당 분자 형태의 영양소 등 여러 물질이 균사체 안에서 운반된다.

균사는 놀라울 정도로 멀리까지 뻗어나갈 수 있어서 숲의 상당히 넓은 면적을 침투해 들어간다. 그리고 각 나무들 사이를 결합시킨다. 북아메리카에서는 수백 헥타르까지 뻗어있는 아밀라리아의 균사체가 발견되었다. 그러나 그런 조직을 정밀하게 연구하기는 매우 어렵다. 우선 균사가 얼마나 가느다란지 직시해야 한다. 게다가 균사에 손상을 입히거나 나란히 놓여 있는 다른 것들과 혼동하지 않으면서 수 킬로미터에 걸쳐 뻗어 있는 균사를 추적해 확인하는 것은 상당히 어려운 일이다. 또 균사는 겹

쳐서 자라고 서로 뒤섞인 채 결합되어 있다. 균사가 일 년에 20cm 정도 자란다고 전제할 때, 그렇게 큰 균사체의 나이는 분명 2천년 이상 된 것이다. 이로써 균근 관계로 맺어진 모든 나무들보다도 나이가 많다는 사실을 알 수 있다. 하나의 균류가 살아있는 동안 그 균사는 계속해서 다른 나무들의 뿌리로 밀고 들어간다. 따라서 나무와 균류의 나이는 서로 다르고, 사람들이 주장하는 것처럼 항구적인 구성체로 이루어진 '초유기체 숲'이 아니라 다른 나무 개체와 균류 개체가 계속해서 새로 결합하는 생활공동체다.

나무와 나무처럼 균근을 소유한 다른 식물들은 급격한 성장이 이루어지는 봄에 많은 양의 물과 칼륨, 마그네슘, 그리고 질소와 인을 함유한 화합물 등과 같은 무기질을 필요로 한다. 나무와 식물은 이런 요소들을 흙에서뿐만 아니라 균근에서도 얻을 수 있기 때문에 공생 파트너가 없는 다른 식물들보다 더 빠르게 성장한다. 여름 동안 식물은 당의 형태로 상당량의 영양소를 만들어내고, 이 영양소들은 관다발 속에서 식물의 모든 부분으로 이동한다. 그 결과 나무의 경우 줄기와 뿌리에서 벽이 두꺼운 추재 세포가 합성된다. 여름철에 나무는 봄철보다는 훨씬 적은 양의 무기질을 필요로 한다. 그러면 영양소의 일부가 균사에 도달하고, 거기서 나온 당은 균류의 유기체에서 전환된다. 균류가 식물의 영양소를 충분히 빨아들이고 나면 포자가 형성되거나 수많은 균류에 특징적인 자실체가 생겨난다. 우리가 흔히 버섯이라고 부르는 것이다. 버섯을 채취하는 사람들은 그런 자실체들을 나무와 균사가 충분히 영양소를 모은 계절에 숲에서 발견할 수 있으며, 늦여름과 가을이 성수기다.

균류의 자실체, 즉 버섯은 특정한 나무 아래에서만 발견된다. 잎갈나무 아래에서 자라는 큰비단그물버섯, 자작나무와 그 근처에서 잘 돋는 자작나무버섯, 특히 가문비나무 아래에서 잘 자라지만 다른 나무들 아래에서도 발견되는 꾀꼬리버섯과 그물버섯 등이다. 버섯을 채취할 때는 땅속 균사체가 손상되지 않도록 하는 것이 중요하다. 따라서 버섯을 그냥 손으로 잡아 뽑아서는 안 되고, 칼로 버섯을 잘라내야 한다. 무작정 잡아 뽑으면 버섯의 중요한 부분이 손상되어 그 뒤로는 균사와 균사체의 관들이 끊어지고, 나무와의 공생 관계에 필요한 부분이 사라지기 때문이다.

땅에서 가까운 대기의 대다수는 질소로 구성된다. 그러나 질소는 몇몇 유기체, 즉 세균에 의해서만 받아들여진다. 과거에는 남조류로 불렸던 남세균(또는 남조세균)이 이런 세균에 속한다. 단세포 세균은 질소를 모든 유기체에 필요한 형태로 만들어내는 유일한 유기체다. 다시 말해서 단백질을 구성하는 아미노산을 합성하고 모든 유기체의 유전질이 포함된 핵산을 만들 수 있도록 돕는다. 질소는 식물에서 엽록소를 구성하는 주성분이기도 하다. 식물은 세균에 의해 배출되는 질소 함유 물질을 뿌리로 직접 받아들이거나 공생 관계로 연결된 땅속 균근의 균사를 통하여 흡수한다. 동물은 질소화합물을 얻기 위해서 식물이나 다른 동물을 먹어야 한다. 질소와 우리 인간이 필요로 하는 다른 수많은 무기질도 땅에서부터 식물의 뿌리에 도달한 것이다.

땅속과 하천에는 공기 중의 질소를 고정하는 세균들이 존재한다. 숲의 나무를 포함한 몇몇 식물은 뿌리에서 이 특수한 세균들과 공생 관계를 맺는다. 여기에는 가짜 아까시나무로 불리는 로비니아와 뿌리에 근류균(뿌리혹세균)이 기생하는 콩과 식물이 속한다. 그 밖에도 오리나무와 특별한 공생 관계를 맺는 방선균근도 있다. 오리나무의 공생체는 방선균으로 여기서 균은 균류가 아닌 세균을 의미한다. 질소 고정은 세균만 할 수 있다. 산간 지대의 강가에서 자라는 물오리나무, 고산 지대의 덤불오리나무, 습지 숲에서 자라는 검은오리나무는 공생 관계를 맺은 세균으로부터 질소화합물을 얻을 뿐 아니라 그것으로 주변 지역에 거름까지 제공한다. 가령 아직 부분적으로 초록색을 띤 잎을 떨어뜨리는 것으로, 그 잎에는 질소를 함유한 엽록소가 들어 있다. 때문에 오리나무 습지 숲은 쐐기풀, 갈퀴덩굴, 엉겅퀴 등의 천연 서식지가 되며, 이들은 주로 토양에 질소가 있다는 것을 나타내는 식물들이다. 비타민나무도 방선균과 공생 관계를 맺는다. 이를 통해서 다량의 질소화합물을 축적하기 때문에 북해 섬의 모래언덕에서 자라는 비타민나무 옆에서는 질소를 많이 필요로 하는 블랙 엘더베리가 번성한다. 거기서는 숲은 형성되지 않지만 높은 관목들이 자라난다. 비타민나무와 세균이 없었다면 무기질이 많이 없었을 순전한 모래 바닥에서 말이다.

세균과 균류는 숲 생태계에 또 하나의 완전히 다른 의미를 갖는다. 이 유기체 그룹의 일부 종은 셀룰로오스와 리그닌을 분해할 수 있는 효소를 함유하고 있어 목질을 썩게 하고 분해시킬 수 있다. 오래된 나무일수록 손상을 입은 자리들이 많아지는데, 이런 곳을 통해 목질을 분해하는 생물들이 뚫고 들어갈 수 있다. 가령 가지가 부러지거나 단순히 나무껍질이 벗겨진 것만으로도 그런 손상이 야기될 수 있다. 목질을 분해하는 유기체에게 필요한 습기가 충분하다면 나무의 파괴는 빠른 속도로 진행될 수 있다. 몇몇 담자균류(버섯류)는 담자포자를 떠받치는 작은 자루 모양의 돌기인 담자병을 형성한다. 가령 주축이 항상 나무줄기에 수평으로 놓이는 말굽버섯이 그런 예다. 목질이 전반적으로 분해되면 죽어가는 나무는 쓰러지게 되고, 그러면 그 나무에 붙어 있던 말굽버섯은 이제 줄기에 수직으로 서 있게 된다. 이 버섯 옆으로는 더 이상 포자가 생기지 않는다. 오히려 다시 수평으로 배열된 새로운 담자병이 생겨나고, 그로써 먼저 있던 담자병과는 직각을 이룬다. 중요한 건 새로 생긴 담자병은 아래쪽에서 포자가 발달할 수 있도록 자란다는 사실이다. 이는 포자가 젖지 않도록 하기 위한 것인데, 포자는 완전히 마른 상태에서만 바람에 의해 퍼지기 때문이다. 살아있던 나무에서 수평으로 자란 담자병이 그런 경우였고, 바닥에 쓰러진 줄기에서 다시 생겨난 담자병도 마찬가지다.

대부분의 다른 식물은 세균이나 균류처럼 나무와 직접적으로 결합되어 있지는 않다. 이들은 차례로 층을 이루며 자라는

말굽버섯의 이 담자병들은 죽어서 쓰러진 나무의 줄기에서 자라나왔다.
포자는 비에 젖지 않는 담자병 아래쪽에서만 성숙할 수 있다.

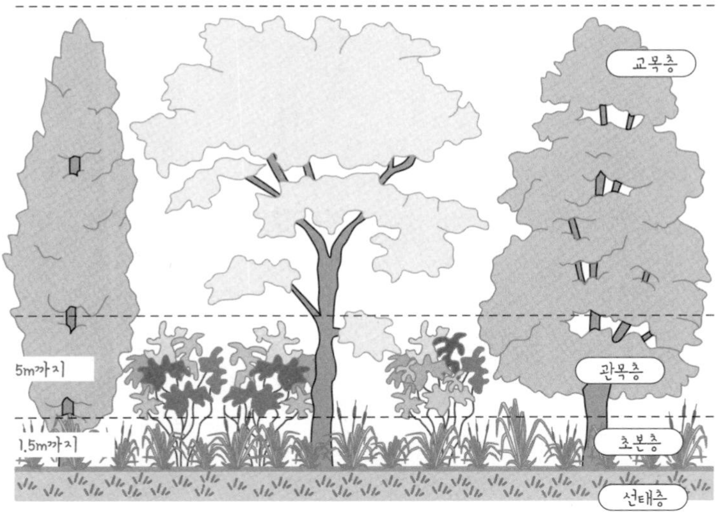

숲의 층상 구조

데, 숲에서는 광합성에 중요한 빛의 양이 위층에서 아래층으로 내려갈수록 줄어든다.

교목층은 아주 높은 곳까지 우뚝 솟아 있다. 수관부의 잎은 쏟아지는 햇빛을 마음껏 누린다. 물이 충분하다면 그 잎들에서는 광합성이 전면적으로 진행될 수 있다. 다만 이 잎들은 잎의 표면에서 수증기로 변해 날아가거나(증발 작용) 잎의 뒷면에 있는 기공을 통해 물이 빠져나가면서(증산 작용) 물도 가장 많이 배출한다. 잎이 물을 배출하는 이 두 과정은 증발산 작용으로 통합된다. 가령 너도밤나무를 비롯한 여러 수종에는 햇빛을 충분히 받고 자라는 특별한 양엽이 존재한다. 양엽은 빛을 잘 받지 못하는 음엽보다 크기가 작고 밀랍 층이 두꺼우며 음엽보다 적은 양의 물을 배출한다. 수관부 잎의 뒷면에서는 수분 부족으로 인해 기공이 자주 닫힌다. 여기서는 잎의 표피를 통한 기체 교환도 일어나지 않고 광합성도 제한적으로만 이루어지거나 완전히 중단된다.

교목층보다 더 작은 나무로 이루어진 아교목층은 빛을 적게 받기 때문에 광합성도 적게 일어난다. 다만 두 번째 층에서 자라는 나무들의 잎에서는 첫 번째 층보다 기공이 그렇게 자주 닫히지 않는다. 또한 두 번째 나무층에 있는 나무는 첫 번째 나무층의 나무가 늙거나 베어져 쓰러지면 빠르게 성장할 수 있다. 이전까지는 큰 나무들이 드리우는 그늘로 인해 더 작은 나무로 나아가지 못했던 햇빛을 이제는 충분히 누릴 수 있기 때문이다.

많은 숲에는 늙은 나무와 젊은 나무들 아래로 관목층이 존재하며, 관목층은 숲이 성길수록 잘 형성된다. 관목층에는 유럽개암나무나 파리괴불나무와 같은 나무들뿐만 아니라 위쪽으로 빈 공간이 생겼을 때 다시 자라는 더 작은 나무들도 있다.

숲의 바닥에서는 초본층이 형성된다. 나무들이 울창한 어두운 숲에서는 초본층에서 자라는 소수의 식물만 여름 내내 광합성을 할 수 있는데, 여기에는 다양한 양치류, 갯보리속 식물, 괭이밥속 식물이나 검은도루박이를 들 수 있다. 초봄에 나무들의 잎이 아직 완전히 싹트지 않았을 때는 햇빛이 고스란히 숲의 바닥으로 쏟아지고, 초본층에서는 수많은 식물을 발견할 수 있다. 이들을 봄 지중식물이라고 하는데, 엄밀하게 말하면 풀이 아니라 여러해살이풀이다. 풀은 수명이 짧지만 여러해살이풀은 수명이 긴 식물이다. 가령 일 년에 몇 주 동안 숲 바닥을 꽃과 잎으로 짠 양탄자로 뒤덮는 숲바람꽃, 중의무릇과 무릇, 프리뮬러 베리스, 폴모나리아와 현호색속이 이에 속한다. 봄 지중식물은 일년 내내 땅속에 있어 밖에서는 대부분 볼 수 없지만, 식물이 수년 동안 생명을 이어갈 수 있도록 해 주는 구근 또는 다른 저장기관을 가지고 있다. 이 식물들의 잎과 꽃은 처음에는 땅속 저장기관들에 준비되어 있는 저장 물질들로부터 만들어지며, 잎이 초록색이 되면 비로소 광합성을 시작한다. 그와 함께 몇 주 안에 상당히 많은 양의 셀룰로오스를 합성한다. 식물이 열매와 씨를 맺을 수 있을 뿐만 아니라 이듬해에도 다시 싹을 틔우고 꽃을 피

이른 봄 움갈이한 숲의 바닥을 뒤덮은 숲바람꽃, 영국 도싯

울 수 있는 저장 물질을 비축할 만큼 많은 양이다. 나무들이 우거져 지붕을 형성하면 아래쪽 식물에서는 엽록소가 분해되어 잎이 누렇게 시들어 결국 죽어버린다. 그래서 6월에는 봄 지중 식물의 잎을 거의 찾아볼 수가 없다. 잘 익은 열매와 씨는 시든 줄기에 매달려 숲 바닥 위로 늘어져 있다가 퍼져나간다. 몇몇 식물종이 전파되는 방식에 대해서는 다시 언급할 것이다. 봄 지중 식물보다 늦은 시기에는 나도산마늘과 선갈퀴 같은 몇몇 초본 식물들만 모습을 드러낸다.

선태층 식물들은 지표면 아주 가까이에서 다닥다닥 붙어서 자란다. 잎이 매우 작기 때문에 광합성률은 매우 낮으며, 잎들 사이에는 다량의 수분이 들어 있다. 많은 이끼류는 말라버렸다가도 나중에 다시 물을 흠뻑 빨아들일 수 있다. 그러나 적어도 이따금씩은 식물들 사이에 물이 있어야 한다. 수컷 유전자가 들어 있는 포자가 물길을 따라서만 암컷의 생식 세포에 도달하기 때문이다. 숲은 선태층이 촘촘하게 발달할수록 더 많은 습기가 저장되며, 이는 산림 기후를 안정시키는 작용을 한다. 비가 내린 뒤 이끼류가 풍부한 숲에서는 물이 아주 천천히 빠져나간다. 이런 경우 숲에서 나오는 물이 흘러들어가는 개천은 최고 수위가 낮다.

숲속의 몇몇 식물은 특별한 곳에서 번성한다. 나무 위에서 자라는 겨우살이는 물관에 구멍을 내 나무를 통해 물과 무기질을 공급받는다. 또한 녹색 잎이 있기 때문에 스스로 광합성을 할 수 있다. 다른 식물 위에 붙어 자라기 때문에 착생 식물이라고 불리며, 나무로부터 물과 무기질을 얻지만 유기물은 취하지 않기 때문에 반기생 생물이라고도 한다. 겨우살이의 종은 다양하고 활엽수와 침엽수(전나무, 소나무)에서 모두 나타난다. 열대의 숲에는 온대의 숲보다 반기생 생물이 훨씬 많다.

덩굴나무나 덩굴식물도 온대보다는 열대의 숲에 훨씬 많이 퍼져 있다. 덩굴식물은 리그닌을 함유한 세포들로 구성된 지지조직 없이도 나무줄기에 붙어 높이 자란다. 빠른 성장을 위해서 많은 양의 물과 무기질이 필요하기 때문에 축축한 숲에서 많이 볼 수 있다. 독일에서 자라는 덩굴나무로는 담쟁이덩굴, 인동, 블랙브리오니아, 포도덩굴, 클레마티스, 호프 등이 있다.

독일의 숲에서는 특히 비가 많이 내리는 곳의 나무에서 지의류를 찾을 수 있다. 엽착생 식물로 불리는 일부 지의류는 습기가 고르게 분포된 열대 숲의 잎에서 자란다. 그러나 지의류는 주로 줄기와 가지에 붙어 축 늘어뜨린 채 자란다. 숲속의 또 다른 공생체로서 균류와 조류로 구성되었으며, 균류는 물과 무기질을 공급하고 조류는 광합성을 한다. 이때 광합성의 생산물은 조류를 성장하게 할 뿐 아니라 조류와 공생 관계로 결합된 균류의 성장도 돕는다. 지의류는 사실 두 개의 생물로 이루어진 식물이라는 점이 확인되었지만, 이전에는 독립적인 유기체로 다루어졌다. 이는 당연히 '지의류는 대체 무슨 생물인가?'라는 의문을 제기한다. 독립된 조류이며 독립된 균류인가, 아니면 하나의 통일체로서 둘이 함께인 생물인가? 지의류를 조류와 균류로 이루어진 전체성에서 독자적인 유기체로 이해한다면, 나무와 균류도 서로 연결된 유기체로 보는 것이 합당하지 않을까? 이 질문은 문화적인 관점에서만 대답할 수 있다. 우리는 지의류를 하나의 유기체(원래는 둘로 된)로 이해하는 반면에 나무와 균류는 독립적인 것으로 본다. 그러나 지의류는 원래부터 독립적인 두 개의 유기체로 이루어졌고, 숲의 나무들은 균근을 통해 균류와 결합될 수 있다는 점을 항상 분명히 알아야 한다.

하나의 생태계 안에서 모든 녹색 식물은 유기물을 생산하기 때문에 생산자로 불린다. 식물은 단순한 물질, 특히 물과 이산화탄소로 광합성을 통해 새로운 유기물을 만든다. 그 때문에 녹색 식물을 1차 생산자라고도 한다. 생산된 물질은 모든 살아 있는 식물 세포가 할 수 있는 세포 호흡을 통해 다시 분해될 수 있다. 따라서 식물은 전체적으로 생산자일 뿐만 아니라 소비자이기도 하다. 식물이 광합성으로 만들어내는 물질량은 세포 호흡으로 분해하는 물질량보다 항상 더 많다. 광합성으로 합성된 모든 유기물이 호흡으로 분해되는 건 아니기 때문이다. 그중 일부는 다른 물질로 전환되어 식물의 몸체를 형성하며, 이러한 물질 전환을 유기물의 2차 생산이라고 한다. 나무의 공생체들은 단순 분자로 구성된 유기물을 합성하지 못한다. 이들은 그 유기물을 나무로부터 얻기 때문에 소비자다. 공생체들은 흡수한 유기물로 두 가지 일을 한다. 먼저 유기물을 이용해 자신의 몸을 구성한다. 즉 2차 생산자이다. 또 한편으로는 유기물을 단순 분자로 분해해 배출하는데, 이때는 분해자의 기능을 수행한다. 그러나 전적으로 분해자는 아니고, 그들 안에서는 동시에 그들 자신의 몸이 생성된다. 가령 말굽버섯은 어떤 나무의 유기물을 분해하고, 이 과정에서 물과 이산화탄소 같은 단순 분자가 발생한다. 그러나 그의 유기체는 유기물의 일부를 자신의 몸을 구성하는 데도 사용한다. 이는 2차 생산의 한 형태다. 그러므로 말굽버섯은 나무에서 유기물을 얻는 소비자이자 자신의 몸을 만드는 2차 생산자이며, 동시에 나무의 복잡한 유기물을 단순 분자로 분해하는 분해자이기도 하다. 이는 버섯 안에서도 세포 호흡을 통해서 일어난다. 나무의 유기물에 저장된 에너지는 버섯을 부양하는 데 소비된다. 버섯은 자신의 몸을 구성하기 위해서 그 에너지가 필요하다.

동물은 생태계에서 많은 버섯류와 비슷한 기능을 갖고 있다. 동물은 식물이 생산한 유기물을 섭취한다. 그런데 버섯류와는 달리 동물은 가장 많은 식물성 물질인 셀룰로오스와 리그닌을 소화하지 못한다는 문제가 있다. 동물은 셀룰로오스와 리그닌을 소화시키는 데 필요한 셀룰라아제와 리그니나아제라는 효소가 없기 때문에 식물 중에서 셀룰로오스와 리그닌이 적은 부분들만 먹거나 그 물질들을 분해할 수 있는 세균들과 공생 관계를 맺는다.

따라서 동물은 공생체의 작용 없이는 식물의 극히 일부만 먹을 수 있다. 그런데 식물의 특정 부분만을 섭취하는 전문화의 가능성도 매우 다양하다. 몇몇 동물은 열매와 씨를 먹고 다른 동물은 흙 속의 저장 기관을 먹으며, 어떤 동물은 나무껍질의 체관에 구멍을 낸다. 또 다른 동물은 꽃가루나 꽃꿀을 먹는다. 식물의 어린 줄기와 잎, 뿌리를 먹는 동물도 수없이 많다. 많은 동물종이 여기서 나열한 식물의 부분 중 한 가지만을 먹는다. 식물을 먹는 동물이 숲에서 어떤 식으로 살아가는지는 다음의 예들이 보여줄 것이다.

식물의 씨는 영양 조직에 둘러싸여 있다. 이 영양 조직은 배아의 초기 발달에 소비되지만 동물에 의해서도 이용될 수 있다. 여러 식물의 씨는 열매의 딱딱한 핵 속에서 보호를 받기 때문에 동물이 소화하는 건 씨가 아니라 그것을 둘러싼 영양 조직뿐이다. 이런 방식으로 새는 유럽당마가목, 양벚나무, 산딸기, 가막살나무속이나 딱총나무속 열매를 먹지만, 그 핵은 손상을 입지 않은 채 위와 장을 통과해 질소화합물과 인을 함유한 새의 배설물과 함께 배출된다. 그러면 씨는 무기질이 쌓인 그 배설물 안에서 싹을 틔울 수 있다. 새들은 특히 붉은색을 잘 식별하기 때문에 새들이 먹어 전파하는 열매는 붉은색이 많다. 대륙검은지빠귀, 찌르레기, 지빠귀과 새들은 종종 숲 가장자리 나뭇가지나 관목 가지 위에 노래하며 앉아 있다. 그렇게 주변을 살피면서 씨가 들어 있는 배설물도 계속 떨어뜨린다. 새들에 의해 전파된 식물은 특히 숲 가장자리에서 잘 자라며, 이런 식물들을 통해서 숲이 주변 지역으로 확장되는 것도 가능하다. 관목 아래쪽에서는 다른 목본식물들이 자라기 때문이다. 이와 같이 새들에 의한 식물의 전파를 조류매개전파Ornithochory라고 한다.

멧돼지는 다른 먹이들 이외에도 도토리와 너도밤나무 열매를 먹는다. 너도밤나무 열매의 깍정이는 뻣뻣한 껍질 속에도 매달려 있을 수 있다. 이런 식으로 너도밤나무의 씨는 멧돼지가 뒹굴고 노는 축축한 곳으로 옮겨져 그곳에서 다시 싹을 틔울 수 있다. 그러나 멧돼지는 숲바람꽃 같은 봄 지중식물의 땅속 구근까지 파내 먹는다. 나아가서는 균류의 균사체와 다른 동물도 잡식성인 멧돼지의 먹이에 속한다. 멧돼지는 먹이를 찾는 과정에서 땅속을 마구 파헤친다.

상당수 열매에는 당을 함유한 부속물이 포함되어 있는데, 개미에 의해 수집되고 운반되며, 나중에는 애벌레의 먹이가 되기도 한다. 이런 식으로 개미가 씨를 퍼뜨리는 것을 개미매개전파Myrmecochory라고 한다. 동물들은 엘라이오솜이라고 불리는 부속물을 먹고 씨는 그대로 내버려둔다. 제비꽃, 숲바람꽃, 노루귀처럼 늦봄과 초여름에 성숙한 열매를 맺는 봄 지중식물은 엘라이오솜을 갖고 있다. 개미는 산딸기도 먹는데, 그 과정에서 헛열매에 있는 작은 핵들을 다른 곳으로 운반해 거기서 싹트게 한다.

유럽개암나무 열매와 도토리, 그리고 단단한 껍질을 가진 다른 열매들은 어치나 다람쥐에 의해 곧장 먹이로 이용되거나 땅속에 묻힌다. 땅에 묻어둔 비축품은 나중에 다시 발견되어 먹이가 되기도 하고, 땅에 묻혀 있던 씨에서 식물이 다시 자라기도 한다. 진딧물과 나무좀과의 애벌레는 체관에 구멍을 내 그 안에 운반된 당과 특히 단백질을 먹고 산다. 진딧물은 당의 상당 부분을 다시 분비해 다른 동물의 먹이로 제공한다. 특히 꿀벌은 진딧물의 분비물을 모아 꿀을 만든다. 진딧물은 식물의 잎에서 사는 반면, 나무좀과의 애벌레는 나무껍질 아래쪽에 특징적인 길을 만들고 수많은 체관 세포들에 구멍을 뚫는다. 그 안에 들어 있는 당 성분의 진액을 섭취하기 위해서다. 나무좀은 나무껍질이 팽팽하지 않은 늙고 두꺼운 나무들에 알을 낳는다.

꽃가루와 꽃꿀은 특히 곤충들의 먹이가 되며, 곤충은 꽃을 찾아다니는 과정에서 꽃가루받이나 수정을 돕는다. 다만 피나무속과 단풍나무속을 포함하여 몇 가지 나무종만을 곤충들이 찾아간다. 참나무, 너도밤나무, 가문비나무 등과 같은 대부분의 다른 나무들은 꽃가루를 바람에 날려 보낸다.

많은 곤충을 비롯해 노루와 사슴도 새로 나오는 식물의 잎이나 줄기를 즐겨 먹는다. 셀룰로오스가 별로 없는 어린 싹은 봄에 며칠 동안만 볼 수 있으며, 왕풍뎅이와 자나방 같은 곤충들은 이 시기에 식물에 큰 피해를 입힐 수 있다. 간혹 숲 전체가 완전히 갉아 먹히는 일이 발생하기도 한다. 어떤 곤충은 잎의 안쪽 부분만 갉아먹어서 이른바 창문 형태를 만들기도 한다. 잎맥 주변에 더 많이 발달한 세포들은 남겨지는데, 그 안에는 셀룰로오스가 더 많이 함유되어 있기 때문이다.

이러한 영양 섭취 방식에서는 계절의 영향에 따라 발달하는 숲의 특징이 뚜렷하게 드러난다. 많은 동물은 연중 특정한 시기에만 먹이를 구할 수 있다. 종종 식물의 새싹 발달과 곤충의 발달이 정확히 동시적으로 진행되지 않는 경우도 관찰된다. 먹이를 구하는 시기에 식물이 아직 새싹을 내지 않았다면, 곤충은 일 년 내내 제대로 번식하기가 어려워진다. 곤충이 너무 늦게 나타나는 바람에 대부분의 잎 세포가 이미 상당히 많은 셀룰로오스를 함유하고 있는 경우도 마찬가지다. 풍뎅이나 나방이 어린 싹이 형성되는 시기와 정확히 같은 시간대에 나타나는 경우에만 동물은 왕성하게 번식하고 식물은 막대한 손상을 입게 된다. 그러면 새들도 곤충과 그 애벌레들인 먹이를 풍부하게 구할 수 있다. 이렇게 곤충이 풍부할 때 새끼가 부화한다면 최적의 양육 조건이 형성된다. 그 기간은 대부분 단 며칠뿐이다. 곤충의 종류가 다양하다면 당연히 유리하게 작용한다. 이 작은 동물의 모든 종이 동시에 자라나는 일은 없기 때문이다. 가령 독일에서 자주 볼 수 있는 유월풍뎅이는 왕풍뎅이(일반적으로 오월풍뎅이로 불림)보다 몇 주 뒤에 나타나는데, 이 경우에는 이름에서 이미 그 점을 알 수 있다.

새는 곤충과 달리 항상 일정한 체온을 유지한다. 곤충은 점점 높아지는 온도의 영향을 받으며 성장하는 반면, 새의 발육은 점점 많아지는 빛의 양에 의해 촉진된다. 새는 날이 더 길어지면 노래하기 시작하지만 아직은 날이 추울 수도 있다. 이때 짝짓기를 해서 알을 낳으면, 알은 아직 곤충이 거의 없는 계절에 커갈 수밖에 없다.

열대의 숲에 서식하는 초식 동물에게는 전혀 다른 조건이 지배한다. 많은 열대 식물은 일 년 내내 번성한다. 지속적으로 어린잎을 내고, 어딘가에는 항상 잘 익은 열매와 땅속 구근들이 마련되어 있다. 따라서 열대림에서는 항상 먹이를 찾을 수 있고, 동물들은 특정한 계절에 며칠 동안만 성장하는 것에 의존해 있지 않는다.

반추 동물은 곳곳에서 더 고르게 먹이를 구할 수 있다. 이들은 셀룰로오스를 분해할 수 있는 유기체들과 공생 관계 속에서 살아간다. 노루와 사슴은 나무의 어린잎뿐 아니라 풀과 바닥의 식물을 뜯어먹는데 놀라울 정도로 까다롭게 먹이를 고른다. 가령 수지 함량이 많은 가문비나무보다는 전나무의 새싹을 더 즐겨 먹는다. 또 갈퀴덩굴과 물봉선속보다는 마늘냉이와 산미나리를 훨씬 자주 먹는다. 초식 동물이 뜯어먹은 식물은 우선 동물의 소화 기관에 사는 세균들을 먹여 살린다. 노루와 사슴은 되새김질을 할 때 미생물들을 먹는데, 이 미생물들은 그들의 체내로 들어가 셀룰로오스를 분해한다.

숲에는 먼저 유기물이 합성되거나 생산되고 나면 초식 동물이 그것을 소비하고, 다음에는 육식 동물이 초식 동물을 소비하는 식의 한 가지 먹이사슬만 존재하는 것이 아니다. 그보다는 수많은 식물종이 유기물을 생산하고 먹는 복잡하게 얽힌 먹이

그물을 관찰할 수 있다. 육식 동물은 수많은 동물종을 먹고 살지만, 그들 역시 또 다른 동물종의 먹이가 된다. 모든 동물종은 유기물을 소비할 뿐만 아니라 자신의 몸을 생산하기도 한다. 유기물의 분해는 이러한 2차 생산과 함께 발생한다. 모든 동물은 질소와 인을 함유한 저분자 형태의 물질이 포함된 배설물을 분비한다. 그러나 이 배설물에는 금풍뎅이의 먹이가 되는 유기물도 포함되어 있다. 금풍뎅이는 그 유기물로 자신들의 몸을 구성하며, 이들 역시 동시에 무기물을 배출한다. 지렁이나 많은 토양 생물들도 마찬가지다. 이들은 단지 분해자일 뿐 아니라 다른 동물들과 마찬가지로 소비자이자 2차 생산자다. 식물성 먹이로부터, 또는 동물의 '중간 고리'를 거쳐서 토양 생물과 땅속에 사는 미생물들의 몸이 만들어지고 저분자 물질도 생성된다. 그 어떤 생물도 체물질만을 만드는 2차 생산자뿐이거나 유기물을 저분자 물질로 분해하는 분해자만은 아니다. 2차 생산과 파괴 기능은 먹이그물에서 항상 서로 결합되어 있다.

05

변화하는 숲, 숲의 천이

숲의 전체 생태계를 견고한 구조로 이해해서는 안 된다. 시간이 지나는 동안 숲은 특히 두 가지 주요인 때문에 변화한다. 첫 번째 요인은 숲에서 살아가는 각 생물들의 성장과 죽음이고, 두 번째 요인은 계속해서 다른 유기체들을 탄생시킬 수 있는 천이다. 이때 우연이나 자연법칙에 따라서 생태계의 개별 요소들이 다른 요소들로 대체된다.

천이는 1차 천이와 2차 천이로 구별된다. 1차 천이는 현저한 기후 차이와 같은 생태계 조건의 급격한 변화에 근거한다. 가령 상당한 기온 상승은 생태계와 그 생태계 내 식생의 변화를 초래한다. 이 경우에는 동식물종들만 새로 나타나거나 사라지는 것이 아니라 토양까지 변한다. 약 250만 년 전, 빙기와 간빙기가 여러 번 교대되었던 빙하기가 끝나갈 무렵에 1차 천이가 일어났다. 이에 오늘날의 스텝 지대와 툰드라 지대의 토양과 비슷한 드넓은 평지가 산림 토양을 가진 숲이 되었다. 빙하기의 모든 빙기가 시작되는 시기에도 1차 천이가 나타났다. 이때는 숲이 죽어버리거나 늙은 나무들이 젊은 나무들로 대체되지 않았다. 빙기의 1차 천이가 진행된 세부 과정은 간빙기의 1차 천이보다 덜 알려졌다. 그러나 천이는 일어났고, 우리는 빙하기의 간빙기, 또는 제4기에는 지구의 온대가 숲으로 덮여 있었지만 빙기에는 그렇지 않았다는 사실을 알고 있다.

1차 천이와는 달리 2차 천이는 광대한 공간에 영향을 미치는 환경 변화에 기인하지 않고 나무들이 죽어서 생긴 공터 등 작은 공간에서 자연적으로 시작되었다. 폭풍우나 산불도 상당히 넓은 공터를 남길 수는 있지만, 빙하기의 시작이나 끝처럼 전체 숲 지대를 파괴하거나 새로 탄생시키지는 못한다. 어떤 경우라도 2차 천이에서는 비교적 짧은 시간 내에 숲의 한 구역이 다시 나무들로 뒤덮인다. 이때 토양은 바뀌지 않는다. 이미 형성된 산림 토양은 2차 천이가 끝난 뒤에도 여전히 산림 토양을 유지한다.

온대의 모든 활엽수림과 아한대의 침엽수림은 빙하기에는 존재하지 않았다. 그 자리에는 당시 만연한 추위 때문에 툰드라와 비슷한 사방으로 트인 지대가 드넓게 펼쳐져 있었다. 그러나 그 지대는 무척 건조하기도 해서 스텝 지대의 특징도 나타났다.

지구상에는 여러 번의 빙하기가 있었다. 빙하기가 시작될 때는 숲이 파괴되었고, 빙하기가 끝날 무렵인 수천 년 뒤에는 1차 천이 과정에서 숲이 다시 확산되었다. 오랜 추위가 지속되는 동안 유럽의 숲 지역은 얼마 되지 않았다. 이른바 '빙하기 피난처'로 불리던 곳에는 오늘날 독일에 퍼져 있는 나무들 중 극소수의 개체들만 있었고, 그런 피난처들 대부분은 지중해 해안가에 위치해 있었다. 이곳에는 날이 추운 시기에도 더 따뜻한 물이 있었고, 그 때문에 나무들이 추위로 극심한 손상을 입는 것을 피할 수 있었다. 동아시아와 북아메리카에는 피난처가 있는 지역이 더 넓었다.

특히 유럽에서는 빙하기를 견뎌낸 수종의 개체수가 적었

기 때문에 유전적 다양성이 부족해졌다. 이런 나무들이 1차 천이 과정에서 다른 곳에 다시 뿌리를 내리지 못하는 일도 일어났다. 어떤 수종은 수천 년 이상 계속된 빙기를 견뎌내지 못하고 모두 멸종되었다. 매 빙하기마다 많은 수종이 유럽에서 사라졌다. 일부 종은 북아메리카에서도 더는 자라지 못했고, 또 다른 종은 결국 동아시아에서도 사라졌다. 그러나 유럽에서만큼 많은 종이 사라진 건 아니었다. 그 때문에 오늘날 유럽의 활엽수림과 침엽수림은 북아메리카와 동아시아의 숲보다 수종이 눈에 띄게 빈약하다. 가령 목련, 루브라참나무, 낙우송, 백합나무는 유럽에서는 더 이상 자라지 않는다.

간빙기에서 간빙기로 이어진 식생에는 또 다른 변화가 있었다. 오늘날 유럽에서 많이 자라는 유럽너도밤나무는 과거에는 드물거나 중부 유럽에서는 전혀 볼 수 없었던 반면, 유럽서어나무와 주목속 나무들은 오늘날보다는 매 간빙기 동안 훨씬 많이 퍼져 있었다. 따라서 오늘날의 숲의 모습은 현재의 기후 조건뿐 아니라 주변 환경의 역사를 통해서도 많은 변화를 겪어 왔다. 그 과정에서 우연의 작용이 보존되어 널리 퍼져나가는 식물과 사라지는 식물이 결정되는 데 영향을 미쳤다. 이런 점에서 일반적으로 알려진 것과는 달리 단독으로 '극상 식생climax vegetation(천이의 여러 단계를 거치는 동안 최적의 생태계 조건에 이르러 안정을 지속하는 상태의 식물 집단-옮긴이)'으로 여길 수 있는 식생 형태, 기후 관계에 종속되어 어느 정도 규칙적으로 나타나는 식생 형태는 없다는 것을 알 수 있다. 모든 간빙기마다 활엽수림과 침엽수림에는 다른 형태의 식생이 존재했다.

여러 종의 나무들은 각각 다른 속도로 확산되었다. 그것은 그 종이 가진 전파 생물학과 관련되어 있다. 자작나무와 소나무 열매는 가령 동물에 의해 운반되는 도토리보다 바람을 통해 훨씬 빠르게 전파된다. 자작나무는 햇빛을 많이 받을 때 잘 자라는 반면, 전나무는 숲에서 다른 나무들의 그늘에서 더 잘 번성한다. 그 때문에 자작나무는 전나무보다 빠르게 확실한 자리를 잡을 수 있다.

전반적으로 숲의 확산은 숲이 원래 있었던 곳에서부터 시작되었다. 그곳에서 산림 기후가 형성되는 영역도 더 넓어졌다. 기존의 숲 바깥쪽에 나무가 새로 뿌리를 내리는 곳이면 그곳에 이미 있던 식물들과의 경쟁 상황이 발생했다. 가령 새로 자라나는 어린 자작나무는 숲 외부에 자리 잡은 풀들 사이에서 확실히 뿌리를 내려야 한다는 말이다. 바람에 날려 퍼지는 자작나무 열매는 어느 곳엔가 닿아 머물러 있다가 거기서 새싹을 틔워야 했다. 또한 목본식물이 더 빠르게 번성하기 위해서는 나무뿌리와 공생 관계를 맺을 균근균의 포자도 같은 장소에 도달해야 했다. 다만 식물이 새로 서식하게 된 많은 장소에는 이미 상당한 양의 무기질이 비축되어 있었다. 이는 빙하기 동안 바람에 의해 광범위한 지역에 황토가 퇴적되었기 때문인데 황토 안에는 식물에 필요한 수많은 무기질이 들어 있었다. 그 결과 숲의 면적은 조금씩 넓어졌다. 높이 자란 자작나무와 소나무들 아래로 산림 기후가 나타나기 시작한 지역으로 동물들이 찾아왔고, 오늘날까지 이어지는 유럽의 간빙기 초에는 동물들이 도토리와 피나무 열매도 가져왔다. 이제 자작나무와 소나무 아래에서 다른 나무들도 싹을 틔웠고, 숲에는 참나무와 피나무, 느릅나무, 물푸레나무가 점점 우위를 점해 갔다.

이로써 지난 수천 년 사이에 유럽 숲들의 초기 특징이 형성되었다. 앞서 지나간 간빙기에는 또 다른 나무들의 확산 과정이 전개되었고, 온대의 다른 지역들인 북아메리카와 동아시아에서도 제4기의 매 간빙기마다 다른 1차 천이가 일어났다.

수천 년이 지나는 동안 유럽 숲들의 북방 한계는 지중해 해안에서 스칸디나비아 북쪽으로까지 확장되었다. 숲의 확장이 꼭 툰드라 가장자리에서 끝났다고 가정할 필요는 없다. 그곳에는 지금도 숲과 평원의 전이 지대가 존재하고, 시간이 지나면서 숲의 경계는 더 북쪽으로 이동할 수 있다. 그 일에 기후 변화까지 필요한 건 아니다. 그보다는 현재의 숲 외곽에서 나무 개체들이 계속해서 새로 자라나면 된다. 식물은 심한 추위로 파괴되기 전까지는 계속 성장한다. 그러나 그 정도로 심한 추위는 드물다. 기존에 숲이 형성된 주변 지역에서는 우거진 나무들에서 비롯되는 공기의 움직임으로 추위가 완화되기 때문이다.

숲은 또 다른 경계 지역까지, 가령 토양의 염분 농도가 너무 높지 않은 곳까지만 확장되었다. 따라서 해안가 염습지에서는 숲이 형성될 수 없었다. 많은 늪지와 마찬가지로 나무뿌리에 산소가 공급되지 않을 정도로 젖은 땅이었기 때문이다. 바닷물의 잦은 범람과 무엇보다 목본식물을 파괴하고 미세한 흙을 쓸어가는 강한 조류는 나무의 지속적인 생장을 방해했다.

많은 산지에도 숲 및 나무의 경계 지대가 생겨났다. 숲의 북방 한계 지대에서와 마찬가지로 산지에서도 숲이 없는 곳에

참나무 숲

는 개별 목본식물이 계속 뿌리를 내리지만, 추위와 식물을 뒤덮는 눈과 얼음으로, 또는 거센 바람의 작용으로 제대로 성장하지 못하는 현상이 관찰된다. 숲 및 나무의 경계 지대는 기온에 의해 결정되는 고산 지대뿐만 아니라 눈과 얼음보다 바람의 영향이 더 강한 중간 산악 지대와 해안가 근처에도 존재한다. 따라서 알프스 산지뿐만 아니라 그렇게 높지 않은 중간 산악 지대, 가령 슈바르츠발트의 최고봉과 하르츠 산맥의 브로켄 산이나 리젠게비르게 산맥의 슈네코페 산에도 숲의 경계가 있다는 사실을 이해할 수 있을 것이다.

숲이 오래 존속할수록 숲에서는 그만큼 빈번하게 2차 천이가 발생한다. 2차 천이는 숲에 생긴 공터에서 자연스럽게 진행된다. 이런 공터의 대부분은 교목층에 있던 나무 한 그루가 쓰러지면서 그 주변에 있던 또 다른 나무들까지 쓰러뜨리는 것으로 생겨난다. 그러나 그보다 더 넓은 공터도 있다. 이는 거센 바람이 나무들을 쓰러뜨리거나 고산 지대에서 일어난 눈사태, 산사태나 산불, 대대적인 충해에 의해 생겨난다.

그런 공터가 생기면 갑자기 아주 많은 햇빛이 바닥으로 쏟아져 들어온다. 이제 많은 식물은 집중적으로 광합성을 하고 더 빠르게 성장할 기회를 얻는다. 또 이전에는 보지 못했던 다른 식물들도 갑자기 나타난다. 이 식물들의 씨는 수십 년 동안 땅속에 잠들어 있다가 숲에 공터가 생겼을 때 빠르게 싹을 틔운다. 디기탈리스와 베르바스쿰, 딸기도 그런 식물군에 포함된다. 공터에는 일시적으로 전형적인 초지 식물로 여겨지는 식물들도 번성한다. 그러면 많은 동물도 그런 공터를 찾아오는데, 울창한 숲속보다는 먹이가 훨씬 많기 때문이다. 가령 반추 동물의 아주 좋은 먹이인 풀들이 자라난다. 초식 동물들은 공터를 무성하게 뒤덮기 시작한 식물들의 새싹을 뜯어먹는다. 몇몇 동물은 씨와 열매도 가져온다. 그래서 공터에는 지금까지는 볼 수 없었던 식물들도 퍼져나갈 수 있다. 이처럼 숲속 어딘가에 계속 생겨나는 공터는 식물 군락의 변화에 중요한 의미를 갖는다. 어쨌든 새로 퍼지기 시작한 식물종들은 교목층의 큰 나무들이 드리우는 그늘 아래보다는 공터에서 확고하게 뿌리내릴 기회가 훨씬 크다.

공터에는 일시적으로 산림 기후가 없다. 식물들이 더 높이 자라야만 산림 기후가 다시 형성되기 시작한다. 그러나 공터는 숲의 갱신에 중요한 의미가 있다. 공터는 숲 여기저기에 계속 생겨나고, 2차 천이의 초기에는 햇빛을 좋아하는 동식물이 찾아

슈바르츠발트의 펠트베르크 근처 숲 경계 지대에서 자라는
가문비나무, 너도밤나무, 유럽당마가목

든다. 그래서 하나의 숲 내부에도 꼭 숲 식물이나 숲 동물이라고는 할 수 없는 다양한 종류의 생물들이 생존할 수 있다. 가령 노루와 같은 몇몇 숲 동물은 공터가 제공하는 먹이가 필요하다. 그래서 공터가 생기는 곳을 찾아 계속 이동하며 살아간다.

우리는 숲에서 더 오래된 부분들과 나중에 생겨난 부분들의 모자이크를 만나게 된다. 그런 부분들에서는 새로 생겨난 공터에서 이전의 숲으로 이어지는 순환적 발달이 진행된다. 숲 발달의 모자이크-순환 구상(순환적 천이)은 거기서 유래했다. 그러나 숲의 발달은 결코 정확히 순환적으로만 진행되지는 않는다. 어쨌든 항상 그런 식으로 진행되는 건 아니다. 2차 천이가 일어나는 동안 식물종들이 새로 정착할 가능성이 많기 때문이다.

1차 천이와 2차 천이의 과정은 많은 점들이 이론적으로만 알려져 있다. 숲의 자연적인 변천은 대부분 수백 년에서 심지어 수천 년을 거치는 동안에 이루어지기 때문이다. 우리는 그 과정을 전체적으로는 관찰하지 못하지만, 천이의 개별적인 단계나 모자이크 순환의 각 시기들은 알 수 있다. 또한 1차 천이와 2차 천이가 시작하는 지점과 끝나는 지점도 알고 있다. 이때 모든 끝지점은 동시에 새로운 발달의 시작점이기도 하다. 다시 말해서 간빙기 초기에 심각한 기후 변화의 결과로 광대한 지역에 걸쳐 1차 천이가 일어났고, 그 뒤에는 항상 더 좁은 지역들에서 숲이 잘 갱신될 수 있는 2차 천이가 이어졌다. 그리고 간빙기 끝에는 숲 지역이 대대적으로 파괴되고 탁 트인 평원으로 대체되었을 것이다.

06

지구의 여러 숲

기후와 토양 조건이 비슷한 곳에 들어선 숲에서는 서로 비슷한 조합을 이루는 식물종들을 발견할 수 있다. 다시 말해서 식물과 기후, 토양 사이에는 일정한 관계가 있는 것이다. 한 숲의 식생에서는 토양의 지질학적 특징을 드러내는 간접 증거를 확인할 수 있다. 그래서 한 장소의 지질학적 특징과 기후 조건을 알면 거기에 어떤 식물종들이 자라는지 추측할 수 있다. 다만 식생, 기후, 토양 사이의 관계를 너무 엄격하게 보는 건 곤란하다. 입지적인 변수로는 설명되지 않는 특수한 식생이 나타나는 일도 얼마든지 가능하기 때문이다. 또한 어떤 식물종이 있을 거라고 기대한 장소에 없거나 아직 나타나지 않은 것과 관련되었을 역학적 사실도 항상 고려되어야 한다.

식물종들의 비슷한 조합을 찾고, 식물종들 사이의 확고한 관계에 근거해 연구하는 학문 체계를 식물 사회학이라고 한다. 식물 사회학은 식물의 공동생활에 관한 이론이라고 할 수 있으며 인간의 공동생활을 연구하는 사회학에 대응하는 학문이다. 식물 사회학을 처음으로 언급한 사람은 사회학 개념의 창시자인 오귀스트 콩트Auguste Comte(1798~1857)보다 20년 먼저 태어난 프랑스의 유명한 식물학자 오귀스탱 피람 드 캉돌AugustinPyrame de Candolle(1778~1841)이다. 그러나 식물 사회학과 사회학 사이에서 결정적인 차이를 주목해야 한다. 인간 사이의 결합은 인간에서 인간으로 직접적으로 맺어지지만, 식물들 사이의 결합은 하나의 식물과 입지, 또 다른 식물 사이의 관계 사슬을 거쳐 간접적으로만 존재한다. 식물종들은 서로 소통하지 않고, 그들에게 유리한 입지 조건이 형성된 곳에서 자라날 뿐이다. 이때 서로 다른 식물종들이 매우 비슷한 입지 조건을 요구하는 경우도 있다. 그렇기 때문에 가령 그늘지거나 공터가 있는 숲보다는 산성화되거나 석회가 풍부한 토양을 선호하는 식물종들이 같은 장소에서 함께 발견되기도 한다. 서로를 좋아해서 같은 곳에서 자라는 건 아니다.

식물 사회학 작업의 기초는 일단 여러 장소에서 식물종들과 그들의 빈도를 조사해 식생 목록을 작성하는 것이다. 식생 목록을 비교하면 서로 비슷한 식물들을 밝혀낼 수 있고, 그러면 이를 바탕으로 일정한 입지 조건들 아래 특징적으로 발견되는 식물 군락의 유형을 서술할 수 있다. 이러한 유형들은 식물 군락 체계로 분류된다. 이 연구로 얻을 수 있는 유일하게 확실한 결과는 식생 목록에 있는 식물들의 온전한 파악이다. 그 밖에 식물의 유형별 분류를 포함해 식물 사회학자가 수행하는 다른 모든 과정은 식물 군락 체계를 규정한 이념들과 해석에 근거한다. 다시 말해서 구체적인 식물군을 인식하고 그것을 하나의 유형으로 분류하지만 식물 군락의 유형을 직접 보지는 못한다.

오늘날 중부 유럽에는 특히 너도밤나무와 참나무가 숲을 지배하는 활엽수림이 널리 퍼져 있다. 이 나무들은 계절의 영향을 받으며 성장한다. 봄에는 잎을 내고 여름에는 광합성 활동을 최대치로 끌어올리며, 가을에는 잎이 떨어지기 시작해서 겨울에는 벌거벗은 채로 보낸다. 중부 유럽의 활엽수림에서는 여러 유형이 구별되며, 나무들 아래에서 번성하는 다양한 초본식물을 통해서 그런 유형을 가장 잘 알 수 있다.

무기질 흡수와 식물의 분해로 점점 산성으로 변한데다 땅속에 산을 완화할 만한 암석이 없는 토양에서는 꿩의밥-너도밤나무 숲을 발견할 수 있다. 이 숲에서는 숲 유형의 명칭으로 선택된 백설꿩의밥뿐 아니라 플렉수오사좀새풀, 며느리밥풀, 유럽블루베리도 자란다.

이런 식물들은 석회가 풍부한 토양에서 형성된 너도밤나무 숲에서는 자라지 않는다. 여기서는 토양의 산 성분이 석회를 통해 완화된다. 땅속 층이 단단하지 않아서 뿌리를 깊이 내릴 수 있는 토양에서는 선갈퀴-너도밤나무 숲을 발견할 수 있다. 선갈퀴 이외에도 멜리카 우니플로라, 노란광대수염, 나도겨이삭이 자라고, 봄에는 숲바람꽃 양탄자가 바닥을 뒤덮는다. 돌이 많고 뿌리를 깊이 내리지 못하는 토양에서는 갯보리-너도밤나무 숲이 형성된다. 이 숲에서는 노란광대수염, 나도겨이삭, 숲바람꽃 이외에도 산쪽풀, 풀모나리아, 유럽족도리풀이 자란다.

석회가 풍부한 사초-너도밤나무 숲이나 난초-너도밤나무 숲의 토양에서는 식물이 뿌리를 더 얕게 내린다. 이러한 숲 유형은 특히 중부 유럽의 북쪽 지역에 비탈지고 햇빛이 잘 드는 언덕에서만 나타나며, 그 밖의 지역에는 널리 퍼져 있다. 이런 숲에서는 난초과의 여러 식물들 이외에도 매발톱, 마르타곤 백합, 황화구륜초, 노루귀가 자란다.

남부 독일의 중간 산악 지대인 슈바르츠발트, 그리고 슈바르츠발트에 맞닿은 남서쪽의 슈베비셰 알프 지역은 전나무-너도밤나무 숲으로 뒤덮여 있다. 여기에 가문비나무를 심지 않고 자연적으로 두었다면 훨씬 더 넓은 지역을 뒤덮었을 것이다. 더 낮은 지대에 형성된 너도밤나무 숲에서 자라는 많은 식물들은 이곳 산지 숲에서도 자란다. 그와 함께 프레난테스 푸르푸레아, 노란색 꽃이 피는 솔리다고, 국화과에 속하는 세네키오 오바투스, 폴리고나툼 베르티실라툼 같은 키 큰 다년초 식물이 자란다.

너도밤나무 숲과 비슷한 몇몇 숲은 참나무들에 압도되었다. 그러나 이러한 숲에서 나타나는 참나무의 우세는 자연적인 영향이라기보다는 사람들의 숲 이용으로 빚어진 결과였을 것이다. 과거에는 사람들이 거기서 땔나무를 구했기 때문이다. 참나무와 유럽서어나무는 그런 형태의 규칙적인 이용을 너도밤나무보다는 잘 견뎌냈고, 그래서 개체수도 더 늘어날 수 있었다. 그러나 지난 수십 년 전부터는 땔나무의 이용 강도가 줄어들었고, 이제는 그런 숲에 너도밤나무가 점점 많이 퍼져나가는 것을 관찰할 수 있다.

전반적으로 너도밤나무 숲이나 너도밤나무-참나무 숲을 중부 유럽의 지대성 식생zonal vegetation이라고 부른다. 띠 모양으로 분포하는 지대성 식생은 많은 곳에서 기후 조건에 종속되어 나타나며, 지질학적 지반에 따라서 서로 다른 유형을 보인다. 어떤 식생 유형이 더 따뜻한 지역의 평지에서 주로 나타나고, 더 추운 지역에서는 햇빛을 많이 받는 비탈에서만 나타난다면, 더 추운 지역에서는 그 유형을 지대 외 식생extrazonal vegetation으로 지칭한다. 가령 북부 독일에서 나타나는 난초-너도밤나무 숲을 그렇게 말할 수 있다. 난초-너도밤나무 숲은 남쪽에는 더 넓게 퍼져 있고, 북쪽에는 몇몇 전초지만 형성하고 있다. 따라서 난초-너도밤나무 숲은 북쪽에서 지대 외 식생으로 퍼져 있는 것이다.

특히 중부 유럽의 남쪽에는 아지중해성 산림과 비슷한 지대 외적 숲들이 존재한다. 이런 숲에는 너도밤나무가 아니라 페트라 참나무와 푸베센스 참나무가 주를 이루고, 단풍팔배나무와 유럽들단풍도 자란다.

그에 반해 몇몇 중간 산악 지대에 자생하는 가문비나무 숲들은 북방의 침엽수림에 대해서는 주요 식물대 밖에 형성된 전초지로 이해할 수 있다. 알프스와 바이에른 숲 이외에도 피히텔 산지와 바이에른 북부의 다른 산지, 에르츠 산지, 튀링거발트, 하르츠 산지가 그런 곳들이다. 가문비나무 숲은 북쪽으로 너도밤나무 숲과 경계를 이루는 스칸디나비아, 핀란드, 발트3국 지역에서는 지대성 식생을 이룬다.

그 밖에도 기후 조건뿐 아니라 특수한 입지 조건들에 의해서도 결정되는 수많은 유형의 비지대성 식생azonal vegetation을 분류할 수 있다. 비탈진 언덕에서는 너도밤나무는 잘 자라지 못하고 플라타너스단풍이 우세하다. 그늘진 곳에서는 물푸레나무, 햇빛이 잘 드는 곳에서는 피나무가 발견되고, 축축하고 물이 솟는 땅에서는 때때로 주목이 발견되기도 한다.

개울과 강의 상류에는 오리나무-물푸레나무 숲이 형성된다. 대부분은 물을 따라 좁은 띠를 이루며 자란다. 강물이 더 완만하게 흐르고 미세한 점토가 퇴적된 곳에는 로부르 참나무, 느릅나무, 피나무, 단풍나무와 물푸레나무가 자라는 활엽수림이 펼쳐진다. 이 활엽수림 앞쪽으로 물이 넘칠 때마다 미세한 토양

물질을 흘려보내고 얼음이나 강한 조류가 영향을 미치는 곳에는 무른 나무들이 자라는 강변 숲이 형성되는데, 특징적인 흰버들이 대표적이다. 버드나무의 가지는 물과 얼음에 계속 뜯겨나간다. 그러면 곧바로 다시 가지를 뻗어 진기하게 굽은 형태로 자란다.

습지 숲은 강변 숲과는 구별된다. 습지 숲 내 토양이 빈약한 곳에서는 연갈색 줄기를 가진 털자작나무가 많이 자라고, 토양이 더 풍부한 곳에서는 검은오리나무가 우위를 점한다. 습지 숲은 물이 고여 있거나 아주 천천히 빠져나가기 때문에 토양이 지속적으로 젖어 있다. 이러한 습지 숲의 전형적인 모습은 빙하기의 얼음이 녹으면서 매우 넓은 곳에 형성된 북부 독일의 계곡 분지 주변 지역에서 나타난다. 그러나 오늘날 그곳을 흐르는 강이 범람해도 그 주변 지역에는 더 이상 도달하지 못한다.

마지막으로 매우 건조한 모래언덕이나 급경사의 암벽 근처에 형성되는 소나무 숲도 있다. 다른 나무들은 무기질이 빈약한 이런 입지에서 견디지 못할 것이다. 그러나 소나무가 이런 곳에서도 숲을 이룰 수 있는 건 무엇보다 많은 종의 균류와 균근 관계로 결합되어 있기 때문일 것이다.

바덴 남부 카이저슈툴의 백선이 자라는
아지중해성 푸베센스 참나무 관목 숲

여기서 전부 다 언급하기는 어렵지만 이러한 비지대성 숲들 다수는 중부 유럽의 활엽수림 지역에만 나타나는 것은 아니다. 더 멀리 북쪽과 남쪽에서도 태양이나 그늘, 건조함이나 강한 습기가 특수한 숲 유형을 형성하는 데 유리하게 작용하는 곳에서는 항상 비지대성 숲이 나타난다.

북아메리카와 동아시아, 그리고 남반구의 남아메리카 남단에도 소규모 공간에는 중부 유럽의 활엽수림과 비슷한 숲들이 존재한다. 다만 그곳에서 자라는 식물종이 훨씬 더 많은데, 이는 서로 다른 숲의 역사에서 기인한다. 중부 유럽과 서유럽에서는 빙하기에 목본식물의 종 다양성이 현저하게 감소했지만, 다른 지역에서는 그렇지 않았다. 전반적으로 온대의 활엽수림은 특히 바다 근처에서 자주 나타난다는 점도 언급되어야 한다. 바다로부터 훨씬 멀리 떨어진 대륙성 지역에서는 침엽수림을 볼 수 있다. 대륙 내부는 숲이 형성되기에는 너무 건조하기 때문에 스텝과 사막 지대가 펼쳐진다.

북반구의 활엽수림대에서 극지 방향으로는 러시아에서 타이가라고 부르는 드넓은 아한대 침엽수림 지역이 경계를 맞대고 있다. 중부 유럽의 활엽수림과 비교할 때 단일 수종으로 이루어진 단순림이 주를 이루고, 식물의 종도 더 빈약하다.

북유럽의 일부 지역, 즉 따뜻한 멕시코만류의 영향을 받는 북해와 발트해 연안에서도 지대 외 식생으로 너도밤나무 숲과 참나무 숲이 나타난다. 유럽의 가장 북쪽에 형성된 너도밤나무 숲은 노르웨이 베르겐 북쪽의 한 섬에서 관찰되며, 소규모의 참나무 숲은 발트3국의 해안가와 핀란드 남서쪽의 바위섬들에서 발견할 수 있다. 이 숲들은 규모가 아주 작고 지대 특유의 침엽수림과는 겨우 몇 백 미터만 떨어져 있는 경우가 많다.

유럽의 너도밤나무와 참나무 숲 지역 남쪽으로는 원래는 지중해 해안 근처까지 뻗어 있었을 아지중해성 숲들이 이어진다. 이곳에는 푸베센스 참나무, 여러 종의 피나무, 느릅나무와 단풍나무, 유럽새우나무와 오르누스물푸레나무가 자란다. 산지에는 아지중해성 푸베센스 참나무 숲 지역 안에 지대 외 식생으로 중부 유럽의 너도밤나무 숲과 너도밤나무-전나무 숲이 산발적으로 나타나며, 저지대에서는 지중해의 수목을 만날 수 있다. 알프스와 프로방스 사이에 산줄기에서 따로 떨어져 나온 몽방투산에서는 정반대의 식생이 나타난다. 남쪽 기슭에서는 지중해성 식생, 북쪽 기슭에서는 중부 유럽의 너도밤나무-참나무 숲과 비

스웨덴 라플란드 지역의 아한대 침엽수림에 늘씬하게 뻗어 있는 가문비나무 숲

슷한 빽빽한 숲을 관찰할 수 있다.

호랑가시나무와 그 밖에 여러 상록 참나무 종이 많이 자라는 지중해성 경엽수림은 특히 지중해 해안가에서 발견된다. 경엽수림은 토지 이용으로 인해서 멀리 내륙으로, 푸베센스 참나무 지역으로 퍼져 나갔다.

경엽수림의 지대 외 식생은 몇 안 되는 지중해성 딸기나무가 자라는 프랑스와 영국, 아일랜드의 남부 해안가에서 발견된다. 경엽수림은 상록수림이다. 지중해 근처는 겨울이 길지 않고, 바닷물은 주변의 온도를 거의 항상 영상으로 유지시킨다. 그러나 가끔씩 북쪽에서 유입되는 찬 공기로 인해 영하의 추위가 발생할 수도 있다. 그러면 잎이 단단하고 견고한 나무만이 그런 혹독한 기후 조건을 견딜 수 있다. 더 연약한 잎 속 세포들은 추위에 잎이 얼어붙어 파괴될 것이다. 뜨겁고 건조한 여름도 나무에게는 좋지 않은 기후 조건이다. 이때는 단단한 잎 위에 형성된 두툼한 밀랍 층이 수분 배출을 줄인다. 지중해 주변과 비슷한 식생은 캘리포니아 북쪽과 남아메리카 남쪽, 아프리카와 오스트레일리아에서도 발견된다. 모두 지중해와 비슷한 입지 조건이 지배하는 지역이며, 이 숲들 또한 바다에서 멀리 떨어져 있지 않다.

엘바섬의 지중해성 호랑가시나무 숲

상록 월계수림은 열대 남북으로 비가 많이 내리는 지역에 분포하며, 여기에는 일본과 중국 남부, 플로리다와 인접 지역들을 비롯해 남아메리카와 아프리카, 오스트레일리아 남쪽의 많은 지역에도 넓게 퍼져 있다. 카나리아 제도를 비롯해 대서양에 위치한 몇몇 제도에서도 전형적인 월계수림을 볼 수 있다. 월계수림은 일반적으로 강수량이 풍부한 지역에 형성되며, 대부분은 지중해성 유형의 식생처럼 바다 근처에서 번성한다.

일 년 중 태양이 정점에 선 날을 기준으로 나뉘는 북회귀선과 남회귀선 사이에 위치한 열대 지역에서는 연간 강수량의 분포에 따라서 상록 열대 우림이나 우기에는 발달했다가 건기에는 잎을 잃어버리는 숲들이 발견된다. 상록 열대 우림은 특히 적도 근처에 분포해 있고, 적도 남북으로는 우기의 숲이 퍼져 있다. 그러나 우기의 숲은 어디서나 비슷한 유형으로 퍼져 있지 않고, 지역적으로 뚜렷한 편차가 나타날 수 있다.

전반적으로 북반구의 아한대 숲들과 열대의 숲들만 통일적인 식생대로 형성되어 있다. 거의 전 세계에 걸쳐 뻗어 있는 온대의 활엽수림도 광대한 지역에 퍼져 있다. 그러나 온대 활엽수림은 대륙 내부보다는 강수량이 풍부한 바다 근처에 중점적으로 분포하며, 여기에는 특히 지중해 유형의 경엽수림과 월계수림이 해당한다. 그에 반해 대륙 내부, 특히 사하라 지역과 아랍의 사막 지대, 아시아 내부, 북아메리카와 오스트레일리아 내부, 아프리카 남부의 많은 곳에는 통일적인 식생의 숲이 없거나 나무가 한 그루도 없는 사막이 펼쳐지기도 한다. 사막의 가장자리에서는 드넓은 초지를 만날 수 있다. 대륙 내부에 드물고 불규칙적으로 비가 내리는 건조한 지역에는 스텝 지대, 열대 가장자리에는 사바나 지대가 펼쳐진다. 사바나는 특정 계절에 짧거나 긴 우기가 나타나는 열대 생태계다. 열대 바깥쪽으로 형성된 우기숲과 경계를 이루지만, 비가 충분히 내리는 곳에서만 번성할 수 있다.

모든 식생대에는 매우 비슷한 모습을 보이는 지대성 숲들보다 북쪽이나 남쪽으로 떨어진 곳에서 번성하는 지대 외 숲들이 존재한다. 기후 조건에만 얽매이지 않는 비지대성 숲들도 모든 지역에서 나타난다. 사막 지역에서는 오아시스 근처에 형성된 소규모 숲이나 강가의 갤러리 숲을 볼 수 있다. 특히 열대 지역에는 뿌리 공간에서 소금물을 견뎌낼 수 있는 맹그로브 숲들이 분포한다. 열대의 얕은 해안가에서는 잦은 범람과 소금, 해류

코스타리카의 열대 우림

때문에 매우 적은 수의 식물들만 자랄 수 있고, 맹그로브 숲이 형성된다.

지구의 숲을 전체적으로 관찰할 때 우리가 맞닥뜨리는 숲은 지구와 지구 식생의 오랜 역사 속에 나타난 순간의 모습뿐이라는 사실을 분명히 알아야 한다. 지구의 숲들은 점점 더 많은 지역으로 퍼져나갔다. 처음에는 습기가 많은 곳에서만 나무들이 자라다가 건조한 곳들까지 점점 더 숲으로 뒤덮이는 경향을 확인할 수 있다. 그러나 아한대의 침엽수림과 온대의 낙엽활엽수림에 해당하는 기후 편차 문제도 생각해 보아야 한다. 빙하기 동안 온대 활엽수림의 확산은 특히 심한 제약을 받았다. 그에 반해 아한대의 침엽수림은 많은 지역에서 유지되었다. 주요 분포지인 북반구의 모든 지역이 얼어 있었던 건 아니기 때문이다. 빙하기 동안 강수량이 많았던 곳에서만 대규모 빙하가 펼쳐졌는데, 가령 서유럽도 그런 곳이었다. 반면에 더 멀리 동쪽은 땅이 얼어붙지 않았고, 거기서는 아한대 숲들이 더 멀리 북쪽에서도 유지될 수 있었다.

열대림과 많은 경엽수림, 그리고 월계수림은 기후 편차에 의한 영향을 심하게 받지는 않았다. 이 숲들은 수백만 년 전부터 이어져 왔기 때문에 식물종이 특히 풍부하다. 그 밖에 다른 숲들, 특히 온대 활엽수림 지대의 숲들은 일시적으로 거의 발달하지 않았다가 다시 규모가 확장되었다. 유럽에서는 몇몇 수종만 모든 간빙기 동안 넓은 영역을 유지할 수 있었다. 그에 반해 북아메리카와 아시아에서는 적절한 기후 조건이 갖춰졌을 때 더 많은 수종이 북쪽으로 퍼져나갔다. 이러한 점들에서 숲에서는 항상 수종이 확산되거나 감소하는 역동적인 과정이 일어났다는 사실을 알 수 있다.

07

다양한 토지 이용 체계로 본 숲과 인간

인류는 가장 가까운 친족 관계에 있는 동물과 마찬가지로 열대 생태계에서 유래한다. 열대 숲에는 인간이 일 년 내내 모을 수 있는 식물성 양식이 넘쳐나고 동물성 양식도 항상 풍부하기 때문이다. 동물들 또한 열대 지방에서는 일 년 내내 어린잎들과 꽃가루, 꽃꿀, 잘 익은 열매들을 얻을 수 있다.

현생 인류의 조상이나 친척은 항상 일 년 내내 양식을 얻을 수 있는 지역을 찾아 이동했다. 마지막 빙하기 동안에도 인류는 아프리카 열대를 떠나 북반구의 온대 지역으로 옮겨갔는데, 당시에는 매우 추웠고 긴 겨울이 지속되었다. 몇몇 대형 포유류는 유라시아의 드넓은 초지에서 충분한 양식을 얻을 수 있었고, 그 동물 중에는 석기 시대의 인류가 사냥한 순록과 야생마가 있었다. 당시 인류는 하층 관목의 나무를 모아 불을 피웠고, 몸을 따뜻하게 하였으며 고기를 구워 먹었다. 날것보다는 굽거나 삶은 고기를 소화하기가 더 쉬웠기 때문이다.

마지막 빙기가 끝나고 시작된 홀로세 초기에 날이 더 따뜻해지고 1차 천이에 의해 숲이 형성되기 시작하자 동물들의 먹이 활동 조건에 문제가 발생했다. 그로 인해 대형 포유류들은 멸종하거나 아직 탁 트인 초지가 있는 훨씬 북쪽 지역으로 이동했다. 학자들은 인류가 사냥으로 동물들을 멸종시켰고, 이로 인해 숲의 확산에 유리한 환경을 만들었을 거라고 추측했다. 동물 사냥이 증가한 덕분에 목본식물의 어린 싹들이 뜯어 먹히지 않고 잘 성장할 수 있었다는 것이다. 그러나 다른 한편으로는 빙하기의 초기 빙기가 끝난 뒤에도 그와 비슷한 숲의 1차 천이가 일어났다는 사실이 증명되었다. 그 시기에는 사냥꾼들이 생태계의 발전에 전혀 개입하지 않았는데도 말이다. 당시 인류는 그럴 만한 상황이 아니었다. 그 밖에도 대형 포유류와 숲의 확산 사이에는 또 다른 생태계적 관련성이 존재했다. 순록은 풀을 뜯을 때

식물들을 짓밟는다. 이때 순록의 발굽은 바닥에 뚜렷하게 패인 자리를 남기는데, 이로 인해 자작나무와 소나무에서 떨어진 열매들은 그 안에서 보호 받을 수 있었다. 다시 말해서 나무의 씨앗은 초식 동물이 없는 생태계보다는 초지로 뒤덮인 지역에서 더 안전하게 싹을 틔울 수 있는 자리를 찾은 것이다.

온대 지역의 숲에는 인간이나 초식 동물이 사계절 내내 먹을 수 있는 양식이 없다. 그래서 많은 동물들은 땅속에서 애벌레로 또는 겨울잠을 자면서 추운 계절을 살아남는다. 이때 몸에 미리 비축해 둔 지방이 이들의 생존을 가능하게 한다. 홀로세 초기에 인류는 숲에서 살아남을 수 없었고, 일 년 내내 물고기와 새를 사냥할 수 있는 물가에서만 살아갔다. 그러나 물가에서 구할 수 있는 양식이 많지 않았기 때문에 소규모 집단으로 생활했다.

숲의 발달 과정은 꽃가루 분석 연구를 통해 밝혀졌다. 꽃가루 알갱이에서는 한 종자식물의 수컷 유전자가 꽃의 수술에서 다른 꽃 씨방의 암술머리로 옮겨진다. 많은 식물, 그중에서도 꽃잎이 화려한 식물은 곤충을 매개로 수분이 이루어진다. 다른 식물은 바람으로 수분이 이루어져 꽃을 피운다. 다시 말해서 꽃가루 알갱이가 바람에 의해 꽃에서 꽃으로 옮겨진다. 이러한 풍매화는 보통 곤충을 매개로 하는 식물보다 꽃가루의 양이 훨씬 많다. 바람의 방향이 잘못되면 꽃가루 알갱이가 목표에 도달할 가능성이 매우 낮기 때문이다. 숲에서 자라는 대부분의 나무는 바람으로 수분이 이루어지기 때문에 꽃가루가 아주 많고, 꽃가루가 먼지처럼 사방으로 흩날린다. 그러나 모든 꽃이 같은 양의 꽃가루를 만들어내지는 않는다. 그래서 꽃가루를 아주 많이 생산하는 나무들이 있는가 하면 그렇지 않은 나무들도 있다. 단풍나무, 피나무, 버드나무, 벚나무는 꽃가루 중 일부만 바람에 흩날리게 하고, 그 밖에는 곤충을 매개로도 수분을 한다.

꽃가루 알갱이가 목표지인 씨방의 암술에 도달하지 못하면 내용물은 빠르게 분해되는 반면, 꽃가루 알갱이를 둘러싼 외벽은 산소가 차단된 곳에서는 거의 무한정 보존된다. 따라서 꽃가루 알갱이가 하천이나 늪지 표면으로 날아갔다면 그것은 퇴적물에 함께 묻혀 수천 년 동안 보존될 수 있다. 호수와 늪의 바닥에는 매년 분해되지 않는 유기물로 된 얇은 층이 형성되며, 이 층이 계속 쌓이면서 퇴적물이 증가한다. 호수 바닥이나 늪에서 이 퇴적물을 채취하면, 현미경을 통해 각 퇴적층에 어떤 꽃가루 알갱이가 들어 있는지 검사할 수 있다. 그리고 이 검사를 토대로 해당 꽃가루 알갱이가 어떤 식물종에 속하는지 분류된다. 소나무, 자작나무, 유럽개암나무, 참나무, 너도밤나무나 유럽서어나무의 꽃가루 알갱이는 서로 잘 구분된다. 또 꽃가루 검사를 통해서는 특정한 시기에 호수나 늪 주변에 어떤 식물이 자라고 있었는지도 재구성할 수 있다. 곡물의 꽃가루 알갱이를 식별하는 것도 가능하다. 곡물 꽃가루가 발견되었다면, 그것은 인류가 꽃가루 표본을 채취한 곳 근처에서 농경을 했다는 사실을 보여주는 하나의 증거가 된다. 나아가서는 숲을 개간하는 방식으로 그들의 취락 주변을 바꾸기 시작했다는 점도 보여준다.

현미경 분석을 위해서는 한 퇴적층의 단면에서 표본들을 차례로 채취한 다음, 퇴적물 안에 포함된 꽃가루 알갱이들만 남기고 다른 모든 구성 성분은 없애버린다. 이어서 현미경으로 그 알갱이들을 확인하고 특정한 꽃가루 유형의 백분율을 계산한다. 그 비율은 숲에 있던 특정한 나무의 비율과 비슷하게 일치한다. 다만 숲속 식물들의 백분율과 검사된 표본의 꽃가루 알갱이 비율이 완전히 똑같지는 않다. 곤충을 매개로도 수분을 하는 식물종은 바람을 통해서만 수분을 하는 식물들보다 꽃가루를 적게 만들어내기 때문이다. 그러나 각 층별 꽃가루 유형의 백분율을 도표로 나타내면 식물군의 변화가 일반적으로 드러난다. 그러면 특정한 꽃가루 유형과 수종의 우세가 시간이 지나면서 어떻게 변했는지 알 수 있다.

꽃가루를 포함한 퇴적물의 연대도 대략적으로 확인할 수 있다. 숲이 특정한 형태를 드러낸 시기가 언제였는지 알 수 있고, 스펙트럼 분석을 통해 꽃가루 퇴적물이 어떻게 구성되었는지도 확인되기 때문이다. 그러나 이보다 더 정확한 연대 측정 방법도 있다. 유기 퇴적물에서 탄소 동위원소 14의 농도를 확인하는 방사성 탄소 연대 측정법이다. 탄소 동위원소 14는 방사성이며, 약 5730년의 반감기로 분열한다. 다시 말해서 유기물에 포함된 탄소 동위원소 14의 원자는 5730년 동안 절반이 분열하고, 방사성 붕괴 활동의 절반은 그대로 남아 있다는 뜻이다. 또는 5730년 된 이탄 표본에는 오늘 만들어진 표본에 비해 정확히 절반의 방사성 붕괴량이 남아 있다는 의미이기도 하다. 이제 탄소를 함유한 표본의 방사성 붕괴와 그 연대 사이의 관계를 계산할 수 있고, 따라서 늪에서 채취한 모든 이탄 표본의 연대가 측정된다.

꽃가루 도표를 통해 빙하기 이후 중부 유럽에서 자연적으로 숲을 형성한 나무는 자작나무와 소나무였다는 사실을 알 수 있다. 일반적으로 바다 근처에는 자작나무가 더 많았고, 내륙에는 소나무가 더 많았다. 당시에 곡물은 아직 재배되지 않았다. 그러나 고고학에서 알려진 바와 같이 중부 유럽에는 이미 습지 주변으로 사람들이 모여 살았다. 이들은 아직 숲에 별다른 영향을 주지는 않았지만 숲에서 땔감을 구한 건 분명했다. 약 9천 년 전에는 숲에 유럽개암나무 덤불이 훨씬 많아졌다. 이는 사람들이 나무를 키우기 위해서 의도적으로 열매를 심었을 것으로 추정된다. 그 열매를 모아 오랫동안 보관할 수 있어서 추가 식량원으로 일 년 내내 이용할 수 있었기 때문이다. 그렇다고 숲의 성격까지 변하지는 않았다. 유럽개암나무를 더 많이 심기 위해서 다른 식물을 베어내거나 뽑아낼 필요는 없었다. 당시 사람들은 빽빽한 숲을 개간하지 않은 채 아직은 하천가에서 살면서 땅을 이용했다. 유럽개암나무가 더 많아졌다는 점을 제외하면 숲의 자연적인 발달은 아직 방해받지 않고 진행되었다. 꽃가루 분석 도표에 따르면 참나무, 피나무, 느릅나무, 물푸레나무가 확산되었고 활엽수림이 생겨났다. 소나무는 대륙 내부의 건조하고 추운 지역에서만 자랐고 국부적으로는 모래언덕 같은 토양에서 유지되었다. 중석기 시대의 이러한 토지 이용 체계의 틀에서는 소수의 집단으로 생계를 꾸려나갔다.

그러다가 약 7천 년 전인 신석기 시대에 이르러 초기 농부들에 의해서 완전히 다른 토지 이용 체계가 등장했다. 이들은 견고한 집을 짓기 위해서 숲의 나무들을 베어냈다. 흥미롭게도 당시 지어진 이른바 길쭉한 집들은 길이가 약 30m에 달했다. 돌도끼로 쓰러뜨린 참나무 줄기를 통으로 올려 지붕의 수평마루로 사용했기 때문이다. 즉 집의 길이는 대략 나무줄기의 높이에 해당했다.

초기 농부들은 나무를 베어내서 생긴 공터에 곡물과 근동 지역에서 재배한 식물들의 씨를 뿌렸다. 여름에는 다른 사람들과 식물을 갉아먹는 동물들로부터 곡식을 지키기 위해서 경작지 근처에서 살아야 했다. 재배 식물을 심은 밭에는 쥐나 메뚜기들의 먹이가 될 수 있는 영양이 풍부한 식물들이 많이 자랐기 때문이다. 농부들은 겨울에도 경작지 근처에서 생활하며 다른 사람들과 동물들로부터 비축한 곡물을 지켜야 했다. 또한 농부들은 주로 근동에서 온 소, 양, 염소와 같은 가축도 키웠다. 가축들은 숲에서 풀과 초본식물뿐 아니라 나무의 어린 싹도 뜯어먹었다. 그로 인해 시간이 지나면서 빽빽하던 숲에 듬성듬성한 자리가 생기기 시작했다.

고고학자들에 따르면 당시의 취락은 오래 존립하지 못하고 수십 년 동안만 유지되었다. 그 뒤에는 사람들이 떠나고 다시 버려졌는데 그 이유는 알려지지 않았다. 수확량이 줄었기 때문이었을까? 아니면 새로운 집을 짓거나 기존의 집을 보수하는 데 필요한 나무가 취락 주변에는 부족했기 때문이었을까? 후자의 가능성이 높아 보인다. 나무로 지은 집안 한쪽에서 불을 피웠기 때문에 화재에 의한 피해가 발생하는 일이 많았을 것이다. 또한 오두막이 오래될수록 나무는 더 건조해졌고 그만큼 불이 날 가능성도 높아졌다.

취락은 다른 곳에 새로 들어섰다. 아마 새 집들을 다시 지을 수 있을 만큼 높이 자란 나무들이 많은 곳이었을 것이다. 그러면서 버려진 취락이 있는 곳에서는 숲의 2차 천이가 시작되었다. 옛 취락과 농경지에서는 자작나무, 소나무, 버드나무처럼 빠르게 성장하는 수종이 가장 먼저 자라났다. 그 다음에는 참나무가 나타났고, 참나무와 함께 아주 잘 퍼져나갈 수 있는 너도밤나무도 자라났다. 그러나 얼마 지나지 않아 너도밤나무가 참나무와 다른 나무들보다 높이 자랐고 숲에서 우위를 차지했다. 너도밤나무는 무성한 잎으로 짙은 그늘을 만들었기 때문에 그 아래에서 다른 나무들이 더 높이 자라기는 어려웠다.

취락을 형성했다가 다시 옮기던 일을 반복한 초기 농경의 토지 이용 체계는 꽃가루 분석 도표에서 이따금 등장하는 곡물 꽃가루와 너도밤나무의 점진적인 확산에서 알 수 있다. 인류는 수천 년이 지나는 동안 취락을 계속 옮겨 다녔고, 그 때문에 2차 천이도 수천 년 동안 이루어졌다. 너도밤나무의 확산은 오랜 시간에 걸쳐 진행되었고, 중부 유럽에서는 약 7천 년 전부터 시작되어 중세 초기에야 끝났다. 중부 유럽의 너도밤나무와 마찬가지로 다른 지역에서는 가문비나무나 유럽서어나무가 확고한 자리를 차지할 수 있었다. 중부 유럽의 동쪽에서는 취락 형성과 이동, 그 때문에 야기된 2차 천이의 과정 속에서 유럽서어나무가 점점 더 확산되었고, 알프스 서쪽 지역과 스칸디나비아의 많은 지역에서는 동일한 이유로 가문비나무가 확산되었다. 학자들은 당시 새롭게 퍼져 나간 나무들이 그 지역에 확고하게 뿌리내린 과정을 자연적인 발전으로 여긴다. 그러나 그 나무들의 확산은 인간에 의해 촉진되었기 때문에 여기에는 의문을 제기해야 한다. 다만 변화된 토지 이용 체계로 인한 촉진이 얼마나 컸을지는 정확히는 알 수 없고, 토지 이용과 새로운 나무들의 자연적인 확산 현상이 상호 작용을 했다는 점은 분명하다. 이제 일반적인 의문 하나가 떠오른다. 자연적으로 출현한 수종과 자연적으로만 출현하지 않은 수종을 구분하는 일이 항상 중요한가? 여기서는 특히 나무들이 특정한 입지에서 잘 자란다는 점이 중요하다.

또 다른 방식으로 숲과 연계된 토지 이용 체계는 문자 기록이 시작되고 국가 구조가 생겨난 시기부터 퍼져나갔다. 당시 인류는 기존의 취락을 포기하고 옮기는 대신 정착 생활을 하고 있었고, 이러한 정착 취락을 위해서는 견고한 루트를 통해 일상생활에 필요한 물건들이 공급되어야만 했다. 지중해 지역에서는 고대부터 새로운 숲이 더 이상 생겨나지 않는 토지 이용 체계가 발전했다. 로마 제국에 속해 있던 남부 독일의 일부 지역에서도 마찬가지였다. 그러나 중부 유럽의 북쪽에서는 이러한 토지 이용 체계가 중세에야 등장했다. 숲의 2차 천이가 일어나지 않은 곳에서는 너도밤나무 숲이 더 이상 확산되지 않았다.

중부 유럽에서는 두 가지 토지 이용 체계의 흥미로운 병존 현상이 나타났다. 로마 제국의 지배를 받는 지역에서는 지속적인 주거지가 확립되고 새로운 숲이 더 이상 형성되지 않았으며, 더 북쪽 지역에서는 아직 지속적인 주거지가 확립되지 않았고 숲의 2차 천이도 여전히 진행되었다. 로마 제국의 국경은 서로 양립할 수 없는 토지 이용 체계가 지배하는 그 두 지역을 갈라놓았다. 이는 양쪽 어느 지역도 지속적인 주거지를 건설하면서 동시에 주거지를 다시 옮길 수 없었다는 것을 의미했다. 로마 국경 북쪽에서는 중세 초기까지도 숲의 2차 천이가 계속 일어나면서 새로운 숲이 형성되었지만 남쪽에서는 그런 일이 일어나지 않았다. 국경의 남쪽과 북쪽에서 서로 다른 토지 이용 체계를 토대로 살아가는 사람들은 반대편에 있는 사람들의 행동을 전혀 이해하지 못했다. 그것은 나중에 다시 언급하게 될 여러 선입견을 낳았다.

지속적인 주거지 건설과 토지 이용은 너도밤나무 수를 감소시켰다. 그리고 나무를 통째로 베어내거나 가지를 계속 잘라내고, 또는 밑동만 남겨 다시 자라게 하는 방식으로 맹아림을 확산시켰다. 키 작은 나무들로 이루어진 숲이라 왜림(또는 저림)이라고 부르는 이런 숲에서는 참나무와 유럽서어나무가 우위를 차지했다.

숲의 이용은 참나무를 일부 남겨두어 키 작은 나무와 키가 큰 나무가 뒤섞여 있는 중림도 탄생시켰다. 이런 숲에서는 땔감을 얻을 때는 유럽서어나무를 벌채했고, 새 집을 지을 때는 참나무를 베어냈다. 촘촘하게 붙어서 자랐던 이전 숲의 참나무들과는 달리 중림에서는 각 나무의 줄기가 높이 자라지 못했다. 따라서 나무를 지붕의 수평마루로 이용할 수 없었고, 그것으로는 통나무집을 지을 수도 없었다. 벽에 틈이 생기지 않게 하려면 사각형으로 된 들보들이 있어야 했고, 이 때문에 중림에서 나온 참나무는 목골 주택을 짓는 데 사용되었다. 목골 구조에서는 나무가 완전히 곧게 자랐는지 여부는 중요하지 않았다. 줄기가 불규칙적으로 성장한 나무를 목재로 사용할 때는 격자 구조와 흙으로 칸을 채우는 방식으로 만회했기 때문이다.

숲은 방목에 의해서도 강한 영향을 받았다. 농부들이 키우는 가축은 숲에서 풀을 뜯어 먹었고, 아주 서서히 숲과 들판 사이의 경계 지대가 생겨났다. 밭은 집과 가까운 핵심 지역에 놓여 있었고 외부와의 경계도 뚜렷했다. 반면에 숲과 방목지는 서로 구분되지 않았고, 전반적으로 모든 사람이 땔감을 구하거나 가축을 방목하는 데 사용할 수 있는 공유지나 공용지로 여겨졌다. 사람들은 나무들이 무성하게 자란 곳을 숲이라고 했고 나무

왜림: 원래의 나무를 베어내고 나면 그 뿌리에서부터 비스듬하게
싹이 새로 돋아나 자란다.

가 없거나 듬성듬성 자라 있는 곳을 들판이라고 했다. 가축 떼를 이끌고 멀리까지 이동하는 목자들도 전체 공유지를 이용할 수 있었다. 독일의 한 민요에는 이런 노랫말이 나온다. "양치기여, 어디서 풀을 뜯게 하려는가? 저 밖에 숲과 들판에서라오." 이 말은 나무가 빽빽한 숲이나 듬성듬성 있는 곳 모두 방목지로 이용되었다는 것을 나타낸다. 가축 방목의 영향 아래 넓은 들판과 방목림들이 생겨났다. 숲에서 사냥을 하는 일도 많았지만 나중에는 점점 귀족들에 의해서만 행해졌다.

들판과 방목림이 드넓게 펼쳐지자 사람들은 여기서도 나무들을 계속 사용했다. 그 여파로 중세에는 겨울철에 가축들의 먹이가 될 건초를 얻을 초지가 얼마 남아 있지 않았다. 그러자 나뭇잎 건초를 이용했으며, 앞마당이나 주거지 근처, 작은 숲에서 자라는 나무를 가지치기하여 건초를 얻었다. 피나무, 물푸레나무, 단풍나무나 느릅나무에서 잎이 나기 시작하면 잎이 달린 가지를 잘라 다발을 만들었다. 그것을 나무에 걸어 말리면 겨울에 가축의 먹이로 사용할 수 있었다. 가지가 잘린 나무는 몇 주 뒤에 다시 새 가지가 돋아났다. 이때 나무의 수관은 원뿔 모양에 가까운 형태를 취했다. 특히 계속해서 새 가지와 잎이 자랐기 때문에 영원한 생명의 상징이 된 피나무와 물푸레나무는 마을 광장과 교회 옆, 특히 공동묘지에 많이 심었다.

숲은 그때그때 토지 이용 체계의 영향에 따라 서로 다른 모습을 띠었다. 아직 농경이 없던 시기의 숲은 대부분 자연적으로 발달했다. 농경이 시작되고 취락을 옮기는 일이 반복되면서부터는 2차 천이가 일어났고, 그 과정에서 너도밤나무 같은 새로운 수종들이 확산되었다. 그러다가 한 곳에서 정착 생활을 영위하고 지속적으로 토지를 이용하게 되면서 숲의 2차 천이는 더 이상 일어나지 않았다. 동시에 시작된 집중적인 숲 이용은 왜림, 중림, 방목림을 탄생시켰다. 모든 토지 이용 체계에서는 서로 다른 식물이 확산되거나 감소되었다. 따라서 하나의 토지 이용 체계에서 형성된 숲을 다른 곳의 숲과 비교할 수는 없다.

08

숲의 상업적 이용

중세 중부 유럽 전역에 형성된 정착 취락의 토지 이용 체계와 결합하여 조금 더 규모가 커진 무역이 시작되었고, 다양한 상업 활동도 등장했다. 특히 13세기에는 점점 더 많은 새로운 도시 중심지들이 세워졌다. 이들 중심지에서는 나무를 원료로 사용하는 다양한 수공업이 발달했고, 도시의 시장들은 무역을 끌어들였다. 주민 수와 그들의 수요가 증가했고, 그와 함께 매우 중요한 원료의 공급원인 숲의 이용 압박도 매우 강해졌다. 상업적 이용과 무역의 중심지에서 멀리 떨어진 지역에서도 마찬가지였다.

농촌과는 달리 상당히 많은 도시는 하천과 인접한 지역에

소를 방목하는 숲

세워졌기 때문에 도시 한가운데나 가장자리에 나무로 둑을 쌓았다. 그러면 둑 근처에서 물고기를 잡을 수 있었고, 나무로 된 물레방앗간을 만들어 도시가 포위되더라도 거기서 매일 곡식을 빻고 밀가루를 생산할 수 있었다.

도시의 나무 공급은 수로를 통해 이루어졌다. 당시 도시에서는 수많은 활동에 나무가 가장 중요한 원료로 쓰였기 때문에 엄청난 양의 나무가 필요했다. 나무를 운반할 때는 강이 발원한 산지에서부터 강을 따라 통나무를 하나씩 떠내려 보냈고, 강폭이 넓은 곳에서는 여러 개를 뗏목으로 묶어서 보냈다. 수위를 일시적으로 높이는 데는 인공 저수지를 만들어 물을 저장했다가 통나무들이나 뗏목을 떠내려 보내야 하는 순간에 물을 흘려보내는 방법이 사용되었다.

침엽수는 활엽수보다 부피당 무게가 적게 나갔기 때문에 뗏목으로 만들어 보내기가 특히 좋았다. 침엽수로 만든 뗏목은 물에 둥둥 떠내려간 반면, 활엽수로 만든 뗏목은 중간에 공기로 채운 통이나 침엽수 줄기들을 함께 묶지 않으면 가라앉았다. 중부 유럽에서 이처럼 통나무와 뗏목을 떠내려 보내던 구간으로 알려진 강은 엘베강과 그 지류인 잘레강, 오데르강, 베저강과 그 지류인 알러강, 라이네강, 인너스테강과 오커강, 나아가서는 도나우(다뉴브)강이었다. 도나우 강변에서는 작은 오두막을 올려놓은 형태의 뗏목인 울머 샤흐텔Ulmer Schachtel이 만들어졌다. 이 뗏목은 도나우강에서만 다녔고, 목적지에 도달한 직후에는 나무를 사용하기 위해 다시 해체되었다. 그러나 중부 유럽에서 가장 중요한 뗏목 이동 구간은 라인강과 마인강, 그리고 슈바르츠발트에서 발원한 무르크강, 엔츠강, 나골트강, 킨치히강 같은 더 작은 강들이었다.

슈바르츠발트에서는 지금도 가장 큰 전나무를 '네덜란드 전나무'라고 부른다. 라인강 하구에 위치한 나무가 부족한 네덜란드는 선박 건조를 위해 많은 나무가 필요했고, 슈바르츠발트에서 나오는 나무의 주요 구매처 중 한 곳이었다. 덧붙여 말하자면 '검은 숲'을 뜻하는 슈바르츠발트는 침엽수의 옛 명칭인 검은 나무에서 유래했다. 전설적인 뗏목 노예들이 조종하는 뗏목은 천천히 강을 따라 떠내려갔다. 이동 시간은 꽤 오래 걸렸다. 여러 장애 요인들로 결합된 뗏목을 때로는 폭이 좁은 강을 따라 이리저리 방향을 바꾸며 조종하는 데서 비롯된 어려움 때문은 아니었고, 수많은 곳에 멈춰야 했기 때문이었다. 상품 하역권

Stapelrecht(중세 도시가 통과하는 상인들의 상품을 일정 기간 동안 판매할 수 있는 권리-옮긴이)을 보유한 도시에서는 뗏목이 해체되어야 했다. 여기서 나온 나무들은 도시의 나무 시장으로 옮겨져 판매되었고, 도시 주민들에게 필요하지 않은 나무들만 강을 따라 여행을 이어갈 수 있었다. 뗏목 노예들은 다시 뗏목을 엮었고, 결국에는 많지 않은 나무만이 뗏목의 원래 목적지인 라인강 하구의 네덜란드나 엘베 강가의 함부르크에 도착했다. 해안가에서는 곧 땔감뿐만 아니라 대규모 건물의 기초 공사를 위해서도 많은 나무가 사용되었다. 라인강을 따라 북해로 운반된 길쭉한 침엽수 통나무들은 대형 군함과 상선의 돛대로 사용되었다. 도시와 시골의 주택을 짓는 데도 많은 나무가 필요했다. 북부 독일의 굴프하우스Gulfhaus와 하우바르크Haubarg처럼 건초 창고와 가축우리가 딸린 농가의 내부 골격을 위해서도 뗏목 나무가 갯벌 지역으로 운반되었다. 이런 농가를 지을 때는 집의 중앙에서 전체 지붕을 떠받치는 통나무 기둥 몇 개만 필요했다. 그럼에도 불구하고 하우바르크는 규모가 가장 큰 농가 형태에 속했다.

라인강 하류를 따라서는 거대한 침엽수 뗏목 위에 참나무 목재도 실어 운반했다. 참나무 목재는 라인강 지역의 침엽수림

가지를 잘라낸 뒤 다시 새 가지들이 돋아난 물푸레나무

에서 굽은 형태로 자라난 참나무들을 벌채한 것이다. 이른바 크룸홀츠Krummholz라고 불리는 이 기형적으로 자란 나무는 선체를 만들 때 이용할 수 있었고, 그 때문에 특히 인기가 높고 가격이 비쌌다. 참나무는 조선공이 원하는 굽은 형태로 성장할 수 있었기 때문에 선박 건조에 적합할 뿐만 아니라 내구성도 뛰어났다. 참나무에는 동물과 균류에 의한 피해를 막아주는 무두질 원료가 특히 많이 함유되어 있다.

부표와 등대 같은 항로 표지, 항구 정박장에 배를 묶기 위해 설치된 계선주, 항구 시설들을 위해서도 뗏목으로 실어오는 침엽수가 필요했다. 뿐만 아니라 엘베강 하류와 그 주변 지역의 큰 항구 도시들에서 작은 해안 항구로, 또는 반대 방향으로 화물을 운반하는 데 사용된 돛단배인 에버Ewer선의 바닥을 만들기 위해서도 나무가 필요했다. 이 배의 바닥은 완전히 평평해야 했는데, 수위가 낮을 때는 부두 안벽에 접안할 필요 없이 물건을 싣고 내리기 위해서 갯벌에 정박했기 때문이다. 수위가 높아지면 배는 다시 바다 위에 둥둥 떠 있었다. 동서 프리슬란트와 네덜란드 해안가에서 사용된 외돛배인 찰크Tjalk선을 만들 때는 조수 간만의 차가 더 적고 배의 바닥이 완전히 평평할 필요가 없었기 때문에 더 견고한 참나무 목재가 사용되었다.

가장 중요한 통상로는 수로였다. 이는 내륙의 숲에서 나오는 나무가 충분해야 하고, 그 나무들이 강을 따라 조선소까지 운반될 수 있어야 한다는 것을 전제로 했다. 이런 점에서 점점 더 효과적인 무역망 구축과 숲의 나무 이용 사이에는 밀접한 관계가 있었다. 나무를 에너지원으로 사용한 또 다른 상업 분야는 무역망 구축과 쉽게 부패하는 상품의 보존 문제를 해결해야 했다. 포도주와 맥주뿐만 아니라 생선과 버터, 양배추 초절임을 비롯해, 심지어는 유리나 다른 귀중품까지 무척 많은 상품들이 당시의 컨테이너였던 나무통에 담겨 운반되었다. 최종 목적지에 도달한 나무통들은 다시 해체되어 땔감 등 다른 곳에 사용되었다.

특히 항구 도시에는 수많은 양조장이 있었다. 발효가 끝난 알코올음료는 배에서 식수보다 오래 보존되었다. 몇 개월씩 걸리는 항해 동안 선원들에게는 충분한 음료가 필요했지만 그에 적합한 건 항구 도시에서 공급되어야 할 맥주와 다른 알코올음료뿐이었다. 또한 양조장에서도 양조통을 가열하는 데에도 상당량의 나무가 필요했다.

소금 생산에도 많은 양의 나무가 들어갔다. 마른 상태로 소금을 운반하기 위해서는 소금물을 증발시켜야 했다. 뤼네부르크와 할레, 잘츠카머구트, 그 밖의 많은 지역에서 이런 방식으로 소금을 생산했다. 소금을 사용하게 되면서 각종 채소와 과일, 육류, 생선, 버터와 치즈 같은 유제품 등 빨리 부패하던 많은 식품들이 더 오래 보존될 수 있었고, 수로와 육로로 운반될 수 있었다. 오늘날에는 냉장이나 냉동 상태로 운반할 수 있지만 예전에는 그것이 불가능했다. 그 때문에 소금은 특히 귀했고 수요량도 굉장히 많았다.

중부 유럽은 중세 때 광업의 중심지 중 한 곳이었고, 소금 채취 이외에도 다양한 광석의 채굴이 중요했다. 가령 에르츠 산지와 하르츠 산지에는 은이 풍부하게 매장되어 있었다. 금속은 대부분 순수한 형태가 아닌 구리, 아연, 납, 비스무트, 은이 혼합된 형태로 채굴되었고, 순수한 형태를 얻기 위해서는 광석을 녹여 각각의 금속을 분리해야 했다. 모든 금속은 녹는점이 다르므로 용광로에 광석을 넣고 서서히 가열하면 순수한 금속이 차례로 흘러나온다. 이러한 용광로 작업에서 필요한 고온을 만들어내기 위해서는 굉장히 많은 나무가 필요했다.

유리를 생산하는 일은 무척 어려웠다. 형태를 만들기 위해서는 석영을 액체로 만들어야 하는데 원료인 석영은 상당한 고온에 이르러야만 녹기 시작했기 때문이다. 석영을 녹이기 전에 촉매를 섞으면 녹는 온도를 낮출 수 있었다. 지중해 해안에는 그런 촉매가 굉장히 많았는데, 유럽 해안에 널리 퍼져 자라는 칼리 투르기둠Kali turgidum에서 얻은 천연 탄산소다가 바로 그 촉매였다. 이런 이유로 로마 시대와 중세 초기에 가장 중요한 유리 생산지는 지중해 근처에 있었고, 베네치아와 인근 무라노섬이 대표적이었다.

중세에 독일 남부 중간 산악 지대에서는 유리를 녹이는 데 탄산칼륨을 첨가할 수 있다는 사실을 발견했다. 탄산칼륨은 나무에서 만들어지며, 나무를 완전히 태웠을 때 나오는 칼륨을 함유한 잔존물이다. 그러나 중부 유럽과 나중에 스웨덴과 핀란드의 숲 지대에서 생산된 유리는 초록색인 경우가 많았다. 적절한 혼합물을 통해 밝게 하지 않으면 불순물이 많이 포함되었기 때문이다.

따라서 유리 제조 작업에서는 석영을 녹일 때 외에도 탄산칼륨을 생산하기 위해서도 나무가 필요했고, 그 양은 어마어마했다. 도자기를 굽는 가마도 나무로 가열했다. 너도밤나무 줄기로 생산한 목탄으로 불을 피워야만 도자기 생산에 필요한 고온에 도달할 수 있었다. 도자기 중에서도 점토를 초벌구이 없이 바로 구워낸 석기는 잔과 그릇뿐 아니라 알코올음료와 생선을 운반하는 용기로도 사용되었다. 목탄(숯)은 숯쟁이들이 숲속에 쌓아올린 숯가마에서 만들어졌다. 나무를 완전히 태워버리면 재만 남기 때문에 연기만 나게 연소시켜 순수한 탄소로 넘어가게 하는 방법으로 숯을 만드는 일은 매우 복잡했다. 탄소는 산소와 결합하면 이산화탄소가 되어 대기 중으로 흘러나간다. 숯가마를 숲속에 만든 이유는 나무보다는 숯을 운반하는 일이 훨씬 수월했기 때문이다.

거의 모든 수공업에도 나무가 필요했다. 수공업자들은 나무로 마차를 만들었고, 가구와 구두 골, 물레와 베틀을 만들었다. 나무는 집을 지을 때도 가장 중요한 건축 자재였고, 특히 도시에서는 목골 주택이 널리 퍼져 있었다. 도시 구역 전체가 불에 타는 일은 자주 발생했고, 불길은 집들을 차례로 집어삼켰다. 이미 수백 년 전에 벌채된 건축용 목재가 완전히 건조한 상태로 보존되어 있었기 때문이다. 도시에서 화재가 발생할 때마다 다시 집을 짓기 위해서는 엄청난 양의 나무가 필요했다.

나무의 수요는 점점 빠르게 증가했고, 그와 함께 이용자들 사이의 경쟁도 더욱 증가했다. 농부들은 뗏목꾼이나 광부들이 나무를 구하려는 곳으로 가축들을 몰고 갔다. 게다가 상당히 많은 숲을 소유한 영주들은 자신들의 필요를 위해 숲의 나무를 일체 이용하지 못하게 했다. 그들은 자신들의 통치권 아래 있는 숲에서 방해받지 않고 사냥하는 것을 특히 즐겼다. 또한 사냥 구역에 있는 동물들을 육성해서 노루와 사슴의 수를 늘리도록 했다. 그러나 수가 점점 늘어난 동물들은 나무를 베어낸 자리에 새로 돋아나는 나뭇잎과 가지들을 뜯어먹었다. 그로 인해 숲의 갱신은 심한 제약을 받았다.

전체적으로 숲의 면적은 점차 사라졌고, 그것은 점점 더 위기로 받아들여졌다. 많은 지역에서 이미 나무가 빠듯해졌는지 아니면 단지 그럴까 봐 염려한 것인지는 산림학과 역사학에서 자주 논의된 문제 중 하나였다. 나무 부족이 단지 염려되는 상황이었다고 해도 행동이 필요한 시점이었다. 정착 취락의 토지 이용 체계는 계속해서 충분한 나무가 공급되어야만 지속될 수 있었다. 나무 소비를 제한하거나 새로운 토지 이용 체계가 도입되지 않으면 문명이 몰락할 위기였다. 그러나 예나 지금이나 소비를 포기하려 하지 않았기 때문에 새로운 토지 이용 체계를 도입하는 것 이외에 다른 방법은 없었다. 그 체계에서는 숲이 완전히 새로운 모습과 완전히 새로운 의미를 가져야 했다.

09

숲의 지속 가능성

독일의 화가 루카스 크라나흐Lucas Cranach(아들)는 1569년 종교개혁자 파울 에버Paul Eber의 비문을 위해서 성서 속 '주의 포도밭'의 비유를 묘사한 그림을 그렸다. 이 그림은 오늘날 비텐베르크 시 교회에 걸려 있다. 그림의 전경에서는 성서의 비유와 관계 있는 광경을 볼 수 있다. 그 뒤로는 두 부분으로 나뉜 경사진 포도밭이 보인다. 그림 왼쪽에는 과거의 성직자들이 포도밭을 약탈하는 모습, 나무를 난방 등 다른 목적으로 사용하기 위해서 울타리를 파괴하는 모습이 묘사되어 있다. 그리고 반대편에는 종교개혁자들 틈에 있는 파울 에버의 모습이 보이며, 그들 중에는 마르

루카스 크라나흐(아들): 주의 포도밭에서 일하는 사람들.
파울 에버와 그의 가족을 위한 비문 그림. 목판에 유채와 템페라, 1573/74년.

틴 루터도 있다. 종교개혁자들은 포도와 울타리를 가꾸고 있는데, 이는 나중에도 정원과 토지를 이용할 수 있도록 하려는 것이다. 그림에는 토지를 취급하는 두 가지 길이 묘사되어 있다. 황폐하게 만들고 파괴하거나 세심하게 가꾸는 것이다. 이는 종교적인 문제와 관계된 것만은 아니다. 토지의 안정성을 추구한다면 매년 식물이 자라나게 할 수 있고, 나무 울타리를 잘 보존하면 매번 다시 만드느라 나무를 낭비할 필요가 없다. 반면에 근시안적인 과도한 이용, 단기적인 향락이나 이익 추구, 부족한 자원인 나무 울타리를 무분별하게 파괴하는 행동은 미래를 위태롭게 할 것이다. 중세 말의 상황처럼 위기의 혼란이 지배할 때도 사람들은 자신들이 하는 행동의 장기적인 관점을 직시해야만 했다. 화가는 훗날 추구된 지속 가능한 토지 이용 같은 목표에 주의를 돌리고 싶었던 걸까?

이런 점에서 종교 개혁과 함께 새로운 토지 이용 체계와 결합된 여러 분야의 개혁도 시작되었다. 당시 시대가 요구한 개혁 없이는 많은 유럽 지역에서 인류의 지속적인 발전은 불가능했을 것이다. 숲을 다루는 방법도 상당히 달라졌다.

토지의 과도한 이용 문제는 오래전부터 알려져 있었다.

이미 13세기와 14세기부터 도시 근처에서는 개별적인 숲 관리를 규제하려고 시도했다. 프랑크푸르트와 에어푸르트의 공유림인 슈타트발트Stadtwald(=도시 숲)와 하노버 주변의 아일렌리데 숲이 그런 경우였다. 프랑크푸르트 슈타트발트는 세계에서 가장 오래된 공유림으로 여겨진다. 숲은 도시에 의해 이용되었지만, 이제는 숲을 보호하려는 시도도 등장했다. 1368년 사업가인 페터 슈트로머는 뉘른베르크 라이히스발트Reichswald(=제국 숲)에 소나무 씨를 뿌렸다. 이로써 그는 나무를 새로 심어 숲을 조성한 첫 번째 인물이 되었다. 얼마 뒤 그를 본보기로 삼아 프랑크푸르트에서도 전나무 씨를 뿌리기 시작했다. 그러나 숲을 보호하기 위한 이러한 초기 조치들은 개별적인 사례였을 것이다.

사람들에게 나무를 심으라고 요구하는 일도 생겨났다. 나무 한 그루를 베어낼 때마다 어린 나무 여러 그루를 심도록 했고, 결혼식을 기회로 나무를 기증해야 하는 경우도 있었다. 때로는 한 곳에 구멍을 파서 여러 개의 묘목을 심기도 했는데, 그러면 어린 나무들은 특별히 굵은 줄기를 가진 이른바 형제 나무로 성장했다. 굵은 줄기가 바깥쪽으로 휘어지는 부분에서는 원래 여러 그루였던 나무가 그곳에서 하나의 줄기로 합쳐졌다는 사실을 알 수 있었다.

종교 개혁 시대에는 숲을 보호하는 문제가 일반적으로 더 중요해졌다. 1560년에 공포된 '작센 선제후 아우구스트의 산림 및 나무 규정'은 서로 상충하는 숲 이용 요구들에서 비롯된 당시의 중심 문제를 서두에서 바로 언급했다. "우리의 산림과 수목은 몇 년 안에 (…) 현저하게 줄어들 것이다. 그래서 온갖 상당한 이유로, 우리의 사냥터를 다른 식으로 유지하지 않는 한 광산의 우리 신민들에게 나무가 부족한 이유로, 그리고 후손들이 건축용 나무와 땔나무를 얻어야 하고 그들에게 나무가 부족하면 안 되기에, 모두에게 약간의 나무도 허용하지 못할 지경에 이를 것이다. 이렇게 빠듯한 상황은 우리의 산림과 수목을 부분적으로 차단하거나 폐쇄하라고 요구할 것이다. 그럼에도 맥아를 만들고, 술을 빚고, 빵을 굽는 우리의 신민들과 수공업자와 다른 사람들, 무엇보다 우리의 광산이 방해를 받지 않고 가능한 한 그 일이 장려될 수 있도록 (…) 다음의 수목 규정을 제시하는 바이다."

이후에도 계속 공포된 규정들이 실제로 얼마나 효과적이었을지 판단하기는 어렵다. 그러나 흥미로운 점은 이런 규정들을 통해 특히 광산 지역에서는 숲을 다루는 방식을 규제하려 했다는 사실이다. 당시 가장 중요한 광석 채굴 지역이던 에르츠와 하르츠 산지 주변이 대표적이었다. 이 지역들은 종교 개혁의 핵심 지역이기도 했기 때문에 종교 개혁과 토지 개혁, 지속 가능성이라는 개념의 등장 사이에 연관성이 있을 거라는 추측은 전적으로 타당하다.

다른 지역에서는 무엇보다 나무를 절약하는 방법을 모색했다. 그중 하나가 타일을 부착한 난로를 만드는 것이었다. 이런 형태의 난로는 개방형 화로보다 더 많은 열기를 내뿜었다. 동시에 폐쇄된 난로를 사용함으로써 화재 위험을 줄일 수 있었고, 화재로 소실된 집을 다시 짓기 위해서 공유림의 나무를 벌채하는 일도 막을 수 있었다. 당시의 나무로 지어지고 갈대로 지붕을 덮은 집들은 불을 끄기가 어려웠고 불은 순식간에 사방으로 번졌기 때문에 어느 한 집에 불이 나면 구역 전체가 불에 타버리는 일이 비일비재했다. 새 난로들 중에서는 델프트에서 만든 타일 난로가 특히 유명했다. 이러한 난로는 나무를 연료로 사용했음에도 많은 땔감을 절약할 수 있었다. 해안 지역에서는 그 점이 특히 중요했고, 17세기부터는 새 난로가 대중적으로 인기를 끌었다.

북해 해안가에서도 한 시인이 숲을 가꾸었다. 바르톨트 하인리히 브로케스Barthold Heinrich Brockes는 1735년부터 1740년까지 함부르크가 관할하는 리체뷔텔Ritzebüttel 관직을 맡았다. 그는 거기서 지내는 동안 해안가 바로 근처에 있는 숲에 길을 조성했다. 이 숲길은 그가 산책하는 곳이었으며, 그의 유명한 시집 『신 안에서 느끼는 지상의 행복Irdisches Vergnügen in Gott』에 실린 많은 시들은 이 숲을 거니는 동안 탄생했을 것이다. 이곳은 현재 그를 기리기 위해 브로케스 숲으로 불리고 있다.

숲의 현황을 파악하기 위한 산림자원조사도 처음으로 실시되기 시작했다. 그 결과 1860년에는 브라운슈바이크와 하노버 통치자의 관할 지역인 하르츠 산지의 산림 지도가 만들어졌다. 이 지역의 산림 관리는 풍부하게 매장된 광석을 계속 가공할 수 있도록 하는 중요한 전제 조건이었다. 여기서는 17세기부터 이미 숲의 경영과 관련해서 '지속 가능성'이라는 용어도 사용되었다. 지도가 만들어지면서 하르츠 산지의 숲이 어느 정도 규모인지에 대해 정확한 그림을 그릴 수 있게 되었다.

그러나 개혁에 대한 모든 바람은 전체 토지 이용 체계가 바뀌어야만 목표를 이룰 수 있었다. 숲과 관련해서는 한스 카를

폰 카를로비츠Hans Carl von Carlowitz(1645~1714)가 집필한 『산림 경제Sylvicultura oeconomica』가 광범위한 영향을 미쳤다. 카를로비츠가 최초의 산림관이었을 거라고 여기는 사람들이 있었지만 실은 그렇지 않았다. 그는 작센 지방 산림 및 광산 감독관이라는 훨씬 고위직 관리로서 작센 지역의 광산 경영을 총괄했다. 그가 숲에 관심을 보인 진짜 이유는 광석을 녹일 원료가 숲에서 나왔기 때문이다. 1713년에 출간된 그의 저서 105쪽과 106쪽에서 다음과 같은 대목을 읽을 수 있다. "이곳 땅을 관리하는 가장 중요한 기술, 학문, 노력과 장치는 나무를 오랜 시간에 걸쳐 끊임없이 지속적으로 이용할 수 있도록 재배하고 보존하는 데 있을 것이다. 그런 식으로 이용하지 않으면 그 땅이 더 이상 존립하지 못할 것이기에 그것은 필수불가결한 일이다." 다시 말해서 땅의 지속적인 존립이 중요했던 것이다. 그 때문에 카를로비츠는 지속 가능성, 또는 숲의 지속 가능한 이용이라는 목표를 처음으로 떠올린 인물로 여겨졌다. 그러나 이는 전적으로 옳다고 할 수는 없다. 더 이른 시기에 나온 다른 사람들의 저서에서도 숲의 지속 가능한 경영에 대한 요구가 제시되어 있기 때문이다.

여기서 말하는 지속 가능한 경영이란 숲에 있는 나무의

총수를 항상 같은 규모로 유지하는 것을 의미했다. 다시 말해서 어떤 숲에 나무가 100그루 있고 그 나무가 완전히 성장하는 데 100년이 걸린다면, 나무의 수량을 안정적으로 유지하기 위해서는 일 년에 정확히 한 그루만 벌채할 수 있다는 뜻이다. 그러나 실제로는 상황이 더 복잡하다. 제대로 교육 받은 산림관은 나무의 총수를 계산하고 숲의 상태를 점검해 앞으로 숲을 어떻게 관리해 나가야 할지 결정하여 지속 가능성의 요구를 충족시켜야 한다. 그러나 이러한 요구는 원래 숲 자체라든가 초기 형태의 자연보호 때문이 아니었다. 그보다는 광석 제련에 필요한 나무를 충분히 확보해야 했기 때문에 숲의 지속적인 경영이 중요했다. 일시적이 아닌 지속적인 제련소 운영을 위해서 말이다.

이 목표가 성공하기 위해서는 먼저 잘 교육 받은 산림관이 있어야 했고, 두 번째로는 나무 생산과는 아무 관련이 없는 수많은 부차적인 숲의 이용을 멈춰야 했다. 18세기 중반 이후에는 1763년에 하르츠 산지의 베르니게로데를 시작으로 1770년에는 베를린, 1772년에는 슈투트가르트의 졸리투데, 1780년에는 괴팅겐, 1785년에는 튀링겐의 칠바흐에서 최초의 산림 교육기관이 차례로 설립되었다. 중요한 산림학자이자 산림 교육자인 하인리히 코타Heinrich Cotta는 칠바흐에 있던 산림 학교를 나중에 에르츠 산맥 가장자리에 위치한 타란트로 옮겼다. 이 학교에서는 이론 과목과 응용 과목을 가르쳤고, 산림 식물학과 산림 동물학, 숲의 중요한 곤충들을 연구하는 산림 곤충학, 산림 경영학, 산림법과 산림 역사학 등 새로운 형태의 교육 분야와 연구 분야를 발전시켰다.

산림관은 국가의 중요한 관리가 되었다. 이들은 관사에 근무하면서 숲속에 도로망을 만들었고, 묘목원에서 어린 나무들을 키워 적절한 곳에 심거나 필요한 곳에 가지치기를 했으며, 숲의 나무들을 수확해 판매했다. 이때부터는 숲에 딸린 공터와 풀밭도 산림관이 관리하는 숲의 소유가 되어 통계에 포함되었다.

나무의 수를 헤아리고 점검하며 숲을 관리하는 산림관의 활동은 그런 일을 전혀 모르는 해당 지역 농부들의 벌목을 금지시켰을 때만 성공할 수 있었다. 무엇보다 가축을 방목해 어린 나무들의 성장을 방해하는 일은 더 이상 없어야 했다. 따라서 숲과 방목지를 서로 분리시켜야 했고, 이는 새로운 가축 방목지를 조성해야 한다는 것을 의미했다. 그에 따라 방목지가 농지와 함께 새로 조성되었다. 중세에 자잘한 규모로 나눠 놓은 농지들은 정리했는데, 이를 농지 병합이라고 했다. 이렇게 병합된 땅 주변으로 울타리를 쳤고, 일부 지역에서는 나무 장벽을 세웠다. 농지 주변에 관목들을 심어 경계를 나누면, 울타리를 만들기 위해서 숲의 나무를 베어낼 필요가 없었고, 또 생울타리의 나무를 잘라 땔감으로 사용할 수도 있었다. 이런 식으로 울타리를 친 농지와 방목지들이 탄생했다. 대부분이 네모난 형태였고, 길은 그 주변을 따라 만들어졌다. 농지와 방목지를 덤불 울타리로 두르거나 나무를 심어 가로수 길을 만들면, 마부들이 길 옆쪽으로 벗어나 농지를 망가뜨리는 일을 막을 수 있었다. 또한 정해진 좁은 공간을 도로와 길로 확정하면서 농지 이용이 상당히 확대되는 결과를 얻었고, 더 이상은 땅의 많은 부분이 마차에 의해 파괴될까 봐 걱정할 필요가 없었다. 동시에 그동안의 삼포식 농업(농지를 셋으로 나누어 그중 하나를 해마다 돌아가며 휴경지로 정하는 경작 방법 - 옮긴이) 단계에서 휴경지를 철폐했기 때문에 더 많은 경작지를 확보할 수 있었고, 실제로 가축 사육을 위한 땅을 비워둘 수 있었다.

공유지를 마을 농부들에게 나누어준 이른바 공동 분할을 통해서도 개인 농경지가 생겨났다. 그런 땅에도 울타리를 친 경작지처럼 구획 정리가 된 또 다른 농지와 방목지가 생겨났다. 그

중 일부에는 나무를 심을 수도 있었다. 많은 농부들이 그런 식으로 숲을 조성했고, 벌채하고 싶은 나무의 수량도 그들 스스로 결정했다. 땅을 새로 나눌 때는 가능한 한 토양이 가장 좋고 뿌리를 가장 깊이 내리는 곳은 농지가, 습기가 더 많은 구역은 방목지가 놓이도록 했으며, 숲은 높은 언덕과 산 쪽으로 조성되도록 주의를 기울였다. 이러한 토지 구분 경향은 과거에도 존재했지만 이제부터는 보다 엄격하게 시행되었다. 숲은 주로 농작물이 자라지 못하는 땅에 있었다. 때로는 그런 땅에 나무를 심어 숲을 조성하기도 했다. 많은 숲에서는 오늘날에도 중세 경작지의 흔적들이 발견되는데, 돌이 많은 불모의 땅에 있던 경작지를 포기하고 나무를 심었던 곳들이다.

주변의 전체 풍경은 이제 완전히 새로운 모습을 얻었고, 조금 더 아름답게 가꾸려는 시도도 더해졌다. 로마 시인 호라티우스의 『시학Ars poetica』에서 유래한 모토에 따라 "기분 좋은 것과 유익한 것"이 결합되어야 했기 때문이다. 땅을 가로지르는 가로수 길이 조성되었고, 길옆으로는 덤불 울타리가 세워졌으며, 길을 더 단단하게 다져 사람이 이동하고 화물을 운반하는 조건이 훨씬 개선되었다. 울타리를 친 대규모 경작지에서는 더 효율적인 방식으로 농사를 짓고 수확량도 높일 수 있었다. 농지와 목초지를 교대로 이용하는 곡초식 경영을 통해서 가축 사육도 한층 강화되었다. 목초지가 울타리로 둘러싸여 있었기 때문에 목동은 더 이상 필요하지 않았다. 그래서 그들의 노동력을 다른 곳에 투입할 수 있었고, 나이가 어린 목동은 학교에 다닐 수 있었다. 숲의 가장자리는 윤곽이 분명해졌다. 19세기에 등장한 산림 미학의 노력에 힘입어 사람들은 숲 가장자리에 아름다운 나무와 관목들을 심었다. 가령 뒤쪽의 가문비나무나 소나무들을 배경으로 보기 좋은 무대를 만들어주는 과일 나무나 참나무를 심었다. 오랜 시간 지주와 영주들에게 복무해야 했던 농민들이 해방되면서 그들 중 일부는 자본을 모아 늘어난 수확물을 보관할 새 건물도 지을 수 있었다. 토지 개혁은 일반적으로 상당한 호평을 받았다. 그러나 일부 주민은 더 궁핍해져서 일자리를 찾아 도시로 이주하거나 북아메리카 같은 먼 외국으로 이민을 떠나기도 했다.

대부분 18세기에 시작된 토지 개혁은 19세기에 이르러서야 본격적으로 실행되었다. 토지 개혁의 개별 요소들, 가령 조림 활동과 그와 결합된 임목 총수의 확장은 시간적으로 동시에 진행된 산업화의 영향 속에서 가능했기 때문이다. 1769년에 제임스 와트가 증기 기관의 특허를 얻었을 때 처음에 사람들은 그런 기계 제작이 숲에 치명적인 영향을 미칠 것이라 우려했다. 많은 기계를 가동하려면 더 많은 나무가 필요할 거라고 생각했기 때문이다. 그러나 결과는 정반대였다. 증기 기관을 이용해 땅속 깊은 곳에 묻힌 화석 석탄층에 도달할 수 있었던 것이다. 굴착기로는 노천 채굴을, 승강기로는 갱내 채굴이 가능해졌다. 물론 갱도가 무너지지 않게 떠받치는 나무들이 많이 필요했지만, 석탄을 사용하면서 막대한 양의 나무를 아낄 수 있었다. 땅속 깊은 곳에 판 갱도에는 증기 기관으로 작동하는 통풍 장치를 통해 산소가 공급되었다. 그로부터 수십 년 뒤에는 증기 기관으로 움직이는 철도가 제작되었으며, 증기 기관차의 연료로는 석탄이 사용되었다. 이로써 난방과 광석 용해에도 나무만 독점적으로 사용할 필요가 없어졌다. 수천 년 동안 이어진 나무의 시대는 끝났고, 이제 드넓은 지역에 숲을 조성할 수 있게 되었다. 사람들은 특히 가문비나무와 소나무를 선택했다. 빠르게 성장하고 좋은 목재 수확을 보장하는 한편, 토양에 대한 요구가 까다롭지 않은 수종이었기 때문이다. 이 나무들은 무기질이 빈약한 사암 토양이나 모래밭에서도 잘 자랐다. 그래서 인위적으로 조성된 침엽수림은 독일과 인근 몇몇 국가의 풍경을 이루는 중요한 특징이 되었다.

독일의 많은 지역에서는 지속 가능한 숲 관리 이외에 다른 형태의 숲 이용이 이루어졌다. 프랑스에서도 17세기부터 다른 방식으로 나무 부족 문제를 해결했다. 장 바티스트 콜베르Jean Baptiste Colbert의 주도로 중림 경영을 선전하는 방식이었다. 콜베르는 루이 14세 치하에서 항상 경제적 흑자를 추구한 중상주의의 창시자로 여겨진다. 숲에서 경제적 이윤을 얻는 방식은 대부분의 나무를 몇 미터까지만 키운 다음 난방과 상업적 목적으로 벌채하는 것이었다. 참나무를 비롯한 몇 종만 계속 자라게 남겨두었다가 나중에 건축용 목재로 사용했다. 그 때문에 프랑스의 숲은 일부 예외적인 경우를 제외하고는 독일의 숲과는 매우 다른 인상을 주었다. 남부 독일의 일부 주교령과 밤베르크, 뷔르츠부르크, 마인츠 주교구에서는 프랑스의 숲 관리 방법을 받아들였다. 이들 지역에 확산된 중림은 주교구가 지배하는 지역의 정체성을 여실히 보여주었다.

영국의 숲 관리 형태는 완전히 달랐다. 영국에는 대규모 조림 활동도 중림도 없었다. 그보다는 세계의 다른 지역들에서 나무를 수입해 사용했다. 소나무를 '스코틀랜드 소나무', 가문비나무를 '노르웨이 가문비나무'라고 부르는 것에서 그러한 사실을 알 수 있다. 영국의 식민지들에도 상당히 많은 나무들이 있었다. 그러다가 영국의 산업화가 빠르게 진척되면서 수입의 의존성도 사라졌다.

10

숲에 대한 이념

18세기와 특히 19세기에 독일과 주변 국가들은 인공적으로 숲을 조성하기 시작했다. 그런 활동의 이유를 독일은 항상 숲의 나라였기 때문이라고 설명하며, 로마 역사가 타키투스가 집필한 『게르마니아Germania』를 그 근거로 내세웠다. 기원후 1세기 말에 나온 이 책은 게르마니아(또는 독일)에 관한 가장 오래된 사료로 여겨졌다. 타키투스는 게르마니아에 펼쳐져 있는 숲들이 자신의 고향인 지중해 지역의 숲과는 다르다는 사실을 알았다. 지중해의 숲은 로마 문명의 영향 아래 상당히 줄어들었는데 실제로 얼마나 많은 숲이 파괴되었는지는 알 수 없다. 로마 제국에서 숲이라고 칭한 곳의 규모를 평가할 수 없는 데다 정확한 통계도 없기 때문이다. 어쨌든 남쪽에서 온 사람들에게는 알프스 북쪽으로 거대한 숲이 펼쳐져 있다는 점이 곧바로 눈에 들어왔다. 타키투스는 그 모습을 보고 "섬뜩한 숲"이라고 썼다. 그 말은 서로 다른 번역에서도 비슷한 뜻으로 표현되어 많은 사람들의 상상력을 자극했지만, 객관적인 현실을 반영하지는 못했다. 그럼에도 불구하고 중부 유럽 문명에서는 고대 지중해에서 행한 것과 유사한 숲의 파괴를 초래하지 않게 하려는 이념의 토대가 되었다. 사람들은 게르마니아의 빽빽한 숲을 다시 조성하려고 했고, 카를로비츠도 그 점을 언급했다.

게르마니아의 숲과 관련하여 지금까지 거의 주목을 받지 못했지만 분명하게 말할 수 있는 한 가지 사실이 있다. 그것은 게르마니아의 숲은 로마 제국에서 지배적이던 체계와는 다른 방식의 토지 이용 체계에 편입되어 있었다는 사실이다. 로마인들은 끊임없이 사람들을 정착시키고 땅을 경작하며 숲을 감소시켰지만 새로운 숲을 조성하지는 않았다. 반면에 로마 제국 밖에 살던 사람들은 주거지를 계속 옮기며 살아가는 방식으로 숲이 다시 무성해질 수 있도록 했다. 로마 제국의 국경 밖에는 아직 국가적 의미의 기반 시설이 구축되지 않았고 문명도 건설되지 않았다. 문명은 로마 제국에만 존재했다. 따라서 국경을 사이에 둔 양쪽 사람들은 서로의 생활방식을 이해하지 못했다. 문명 속에서 살아가지 않는 사람에게 문명이 무슨 의미가 있겠는가? 반대로 문명 세계의 사람이 문명 없이 살아갈 수 있는 사람을 어떻게 이해할 수 있단 말인가? 로마인들이 국경 너머 땅을 정복할 수 없었던 이유 중 하나도 바로 거기서 찾을 수 있었다. 실제로 문명화된 지역을 게르마니아 땅으로까지 확장하려는 시도는 무척 어려웠다. 다만 게르마니아의 빽빽한 숲 때문은 아니었고, 서쪽에서 동쪽으로의 운송을 가능하게 할 자연적인 교통로가 없었기 때문이다. 중부 유럽의 남쪽과 동쪽에서는 도나우강이 자연적으로 존재하는 교통의 축이었다. 그러나 더 북쪽으로는 라인강에서부터 동쪽으로 진출할 수 있는 강이 없었고, 로마 제국 시대에는 그 방향으로 확장된 육로도 아직은 없었다. 따라서 로마 제국이 군사적으로 게르마니아 땅에 거의 발붙일 수 없었던 이유를 '섬뜩한 숲'으로 돌려야 했던 것이다.

오늘날까지도 학자들은 그와 비슷한 추측을 언급한다. 산림학자 카를 하젤Karl Hasel은 유명한 저서 『숲의 역사』에서 "로마 시대에는 독일 땅의 3분의 2가 숲으로 뒤덮여 있었지만 개별 지역은 4분의 3 이상이었을 것"으로 추정했다. 다만 "증명력 있는 수치를 산출하기는 어렵다"라는 점을 인정했다. 여기서는 숲의 규모에 대한 평가가 왜 필요했는지가 의문인데, 그 점에 대해서는 알려진 바가 전혀 없다.

18세기와 19세기에 이르는 개혁의 시대에는 유익한 것에 기분 좋은 것을 결합해 땅을 새롭게 꾸미려는, 다시 말해서 풍경을 아름답게 가꾸려는 욕구만 있었던 것은 아니다. 거기에 더해 숲에 대한 수많은 이념도 탄생했다. 그 이념들은 객관적 진실에 근거하지는 않았지만, 때로는 '단순한 사실'보다 훨씬 큰 영향력을 지녔다. 광석을 제련하고 뗏목을 만들어야 한다는 경제적 불가피성만으로는 숲이 필요한 이유를 대중에게 납득시키기는 어려웠다. 오히려 그것은 '독일의 숲'에 대한 이념을 받아들여 작품 속에서 구현한 시인들에 의해 훨씬 쉽게 이루어졌다. 그중에서도 프리드리히 고틀리프 클롭슈토크Friedrich Gottlieb Klopstock가 7년 전쟁 직후인 1767년에 쓴 송시 〈언덕과 숲〉이 지대한 영향을 미쳤다. "서사시인, 서정시인, 음유시인이 노래한다." 클롭슈토크에 따르면 서사시인은 고대 그리스에서, 음유시인은 고대 북

유럽에서 유래하며, 서정시인은 현재의 시인이다. 음유시인은 숲 출신이다. 서정시인은 이렇게 말한다. "내 조국의 음유시인 중 한 명을 불러주오! 오래전 천 년 된 참나무 밑을 거닐던 헤르미논을, 늙어가는 그 나뭇가지 아래 내가 거닐고 있다오." 헤르미논은 게르마니아의 토이토부르크 숲 빈펠트에서 로마군을 격퇴한 헤르만 장군의 부하들 중 한 명이었다. 서사시인은 거기에 동조한다. "오 운명의 여신 노르네, 파괴자여, 당신에게 애원합니다, 빈펠트에서 독수리(로마 군단의 깃발)를 떨어뜨린 숲의 노래에 걸고! 노래와 곁들여진 새색시들의 춤에 걸고. 오, 테우토니아(독일)의 음유시인 중 한 명을 불러주오, 헤르미논을!" 그러자 서정시인이 다시 외친다. "참나무 잎이 뜨겁게 달아오른 그의 이마 위로 그늘을 드리운다! 아, 그는 내 조국의 음유시인이로다!" 서정시인은 송시의 말미에서 단언한다. "성스러운 이름이 울리는 소리 들린다! 모든 현을 타고 살랑거리는 소리 흘러내린다. 조국이로다! 누가 노래하는 찬양이 울려 퍼지나? 저기 밤의 숲으로 헤르만이 오는가?" 이 시에서 서로 연관시켜 노래한 조국, 게르마니아, 빈펠트, 참나무 숲, 게르만족의 일족인 헤루스커인의 숲과 헤르만은 클롭슈토크의 독자층에 지대한 영향을 미쳤다. 그 여파로 괴팅겐 대학의 일부 학생이 주축이 되어 1772년에 괴팅겐 숲 연맹Göttinger Hainbund이 결성되었고, 이 연맹에는 요한 하인리히 포스Johann Heinrich Voß와 루트비히 횔티Ludwig Hölty 등 젊은 시인과 학자들이 속해 있었다. 단체의 이름은 클롭슈토크의 송시 제목에서 따왔다. 존경 받던 시인은 이 연맹에 속하지는 않았지만 1774년에 젊은 시인들의 모임을 방문해 찬사를 받았다.

오늘날까지도 영향력이 큰 숲의 태고적 의미에 대한 또 다른 이념은 중세의 한 신화에서 비롯되었다. 그에 따르면 중부 유럽에 기독교를 전파한 보니파티우스Bonifatius는 선교 활동을 하던 중에 북구의 토르 신에게 바쳐진 참나무를 베어냈다. 그때부터 참나무는 계속 찬미의 대상이 되었다. 클롭슈토크는 1769년에 발표한 희곡 『헤르만의 전투』에서 자신의 조국을 "가장 굵고 그늘이 우거진 참나무, 가장 깊숙한 숲속에 가장 크고 오래된 신성한 참나무"와 비교했다.

그러나 참나무는 조국의 상징일 뿐 아니라 자유의 상징이기도 했다. 프랑스에서는 혁명 시기에 자유의 나무로서 참나무 수천 그루를 심었는데, 1792년에 심은 참나무만 6만 그루였다. 혁명 이후에도 가장 오랫동안 프랑스에 점령되었던 독일 서부에서는 프랑스 혁명을 기념하는 수많은 참나무를 심었다.

독일에서는 헤르만의 전투와 참나무 사이의 연관성을 형상화하려고 애썼다. 극작가 하인리히 폰 클라이스트Heinrich von Kleist가 1808년에 『헤르만의 전투』를 썼고, 요제프 폰 아이헨도르프Joseph von Eichendorff는 1810년에, 그리고 프리드리히 데 라 모테 푸케Friedrich de la Motte Fouqué가 뒤를 이었다. 당시 중부 유럽은 프랑스에 점령된 상태였고, 그것은 자유와 민족적 자결에 대한 바람을 맹렬하게 불러일으켰다. 이때 먼 과거와 숲이 항상 결합되었다. 프로이센 왕 프리드리히 빌헬름 3세는 나폴레옹 군대와 싸워 오래도록 갈망하던 승리를 쟁취하고 나자 1813년에 군사 훈장을 제정했다. 거기에는 철십자 훈장뿐만 아니라 십자 훈장과 함께 특별한 영예로 수여되는 참나무 잎 훈장도 있었다. 또한 1817년 바르트부르크 축제, 1832년 함바흐 축제, 1848년 혁명, 1871년 독일 제국 창건, 1913년 해방 전쟁과 황제 빌헬름 2세의 즉위 25주년 기념일 등 특별한 기념일에는 참나무를 심었다.

19세기 초, 프리드리히 루트비히 얀Friedrich Ludwig Jahn은 독일의 국경 지대에 숲을 조성할 것을 권했다. 독일 체조의 창시자였던 그는 프랑스인을 증오했고, 숲을 조성하면 울창한 숲과

카스파르 다비트 프리드리히 <숲속의 사냥꾼>, 캔버스에 유채, 1812년

숲에서 살아가는 야생동물이 독일의 서쪽 이웃나라를 막는 최선의 방어막이 될 것이라고 했다. 프랑스인은 로마인과 마찬가지로 로만 민족이니 숲을 제대로 다룰 줄 모른다고 생각한 것이다. 카스파르 다비트 프리드리히Caspar David Friedrich는 유명한 그림 〈숲속의 사냥꾼〉에서 그 점을 주제화했다. 〈숲속의 사냥꾼〉은 나폴레옹 군대에 결정적인 패배를 안긴 라이프치히 전투(1813년 10월 16일~10월 19일) 직후에 탄생했다. 그림은 패배한 프랑스군의 한 병사가 검을 끌며 눈 덮인 숲을 지나는 모습을 보여준다. 이 숲에서는 한 가지 세부 사항이 특히 중요하다. 인공적으로 조성된 숲에서만 볼 수 있는, 나이가 같은 가문비나무들로 이루어진 숲이라는 사실이다. 즉 프랑스 병사가 길을 잃고 잘못 들어간 곳은 독일인들이 나무를 심어서 조성한 빽빽한 숲이었다. 실제로 19세기 초부터 독일의 서쪽 산지에서는 자연 식생에 속하지 않는데도 가문비나무를 많이 심었다. 아이펠 고원 사람들은 가문비나무를 프로이센과 연결시켰는데, 1815년에 개최된 빈 회의의 결정에 따라 그 지역이 프로이센 영토가 되었기 때문이다. 그래서 가문비나무를 '프로이센 나무'라고 불렀으며 이 명칭은 지금까지도 알려져 있다. 독일인들은 인공적으로 조성한 숲과 프로이센 군대, 또는 독일 군대 사이에 유사성이 있다고 보았다. 엘리아스 카네티Elias Canetti는 유명한 저서 『군중과 권력』에서 이 점을 언급했다. "독일인의 군중 상징은 군대였다. 그러나 군대는 군대 이상의 존재였다. 그것은 진군하는 숲이었다. (…) 독일인에게 군대와 숲은 그 자신도 모르는 사이에 모든 방식으로 결합되어 있었다. 다른 사람들에게는 군대에서 삭막하고 황량하게 느껴질 수 있는 것이 독일인에게는 숲의 생명이자 빛이었다. 그는 거기서 두려워하지 않았고, 모든 곳에서 보호를 받는다고 느꼈다. (…) 이러한 초기의 숲 낭만주의가 독일인에게 미친 영향을 과소평가해서는 안 된다. 그는 수많은 노래와 시에서 그것을 받아들였고, 그런 노래와 시에 등장했던 숲은 때로 '독일적'인 것이었다."

그런 수많은 시들은 나폴레옹 해방 전쟁 시기에 탄생했으며, 그중 1810년에 발표된 요제프 폰 아이헨도르프의 유명한 시가 대표적이다.

> 아름다운 숲이여,
> 누가 그대를 저 높은 곳에 만들어 놓았나?

내 목소리 울려 퍼지는 한
그 거장을 찬양하리라.
잘 있어라, 잘 있어라!
잘 있어라, 잘 있어라,
그대 아름다운 숲이여!

시원하게 펄럭이는 깃발이여!
그대 녹색의 물결 아래
우리에게 충직하게
경건한 전설 머물 곳 키워 왔구나!
잘 있어라, 잘 있어라!
잘 있어라, 잘 있어라,
그대 아름다운 숲이여!

우리 숲속에서 말없이 맹세한 것,
저 밖에서 충실히 지키리라,
영원히 옛 사람들에 충실하리라.
마지막 노래가 다 끝날 때까지.

잘 있어라, 신이 그대를 보호하리라!

잘 있어라, 신이 그대를 보호하리라

그대 독일의 숲이여!

많은 사람은 이 시를 그저 아름답게만 생각한다. 가령 1841년에 펠릭스 멘델스존 바르톨디Felix Mendelssohn Bartholdy가 남성 합창단을 위해 작곡한 노래로 들을 때가 그렇다. 그러나 그 안에는 정치적 내용, 즉 민족주의적이고 애국주의적인 것이 담겨 있다는 점을 알 수 있다. 이 노래에서 찬양 받는 거장은 신이다. 그러나 노래를 부르는 가수나 듣는 사람들 중에는 신이 만들어 놓은 것처럼 숲을 조성한 산림관을 떠올리는 사람도 있지 않을까? 많은 사람은 그런 숲의 모습을 신의 활동으로 보았지만, 산림관들은 때때로 자신들이 더 잘할 줄 아는 일이라고 생각했을 것이다. 마지막으로 이 시에서 중요하게 언급할 점은 '아름다운'과 '독일의'라는 형용사를 사용했다는 점이다. 처음에는 그저 '아름다운 숲'이었던 것이 마지막에는 '독일의 숲'으로 바뀐다.

나폴레옹에 대항한 해방 전쟁이 한창이던 1812년 말 경, 독일에서 성서 다음으로 널리 퍼진 책의 제1권이 출간되었다.

그림 동화집이었다. 숲과 숲에서 살아가는 존재들이 없다면 이 동화집은 생각조차 할 수 없었을 것이다. 동화 〈무쇠 한스〉에 나오는 첫 부분이 특징적이다. "옛날에 한 왕이 살았다. 그의 성 근처에는 온갖 야생동물이 뛰어다니는 거대한 숲이 있었다. 어느 날인가 왕은 사냥꾼을 숲으로 보내 노루 한 마리를 잡아오라고 했다. 그러나 사냥꾼은 다시 돌아오지 않았다. '무슨 사고가 일어난 것 같군.' 왕은 그렇게 말하고는 다음 날 다른 두 명의 사냥꾼에게 먼저 보낸 사냥꾼을 찾아오라고 명했다. 그러나 그들도 돌아오지 않았다. 그러자 삼일 째 되는 날 왕은 자신의 사냥꾼들을 불러 말했다. '그 셋을 모두 찾을 때까지 숲 전체를 샅샅이 뒤져라.' 하지만 다시 돌아온 사람은 아무도 없었고, 그들이 데려간 사냥개 무리도 다시는 볼 수 없었다. 그때부터는 그 누구도 더 이상 숲으로 들어갈 엄두를 내지 못했다. 숲은 깊은 정적과 고독 속에 놓여 있었고, 이따금 독수리나 매 한 마리가 숲 위로 날아가는 모습만 보였다. 그렇게 오랜 세월이 흘렀다. 그러던 어느 날, 낯선 사냥꾼 한 명이 왕을 찾아와 부양을 대가로 위험한 숲으로 들어가겠다고 자청했다." 사냥꾼은 자신의 개를 데리고 숲으로 갔다가 호수 바닥에서 마법에 걸려 야수처럼 변한 한 남자를 발견했다. 남자는 "몸이 녹슨 철처럼 갈색을 띠고 있어서 무쇠 한스라고 불렀다." 무쇠 한스는 성으로 옮겨져 감옥에 갇혔다. 그런데 왕의 어린 아들이 금지된 감옥문을 열었고, 무쇠 한스는 어린 왕자를 데리고 숲으로 달아났다. 왕자는 수년 동안 갖가지 시련을 거치며 살아야 했지만, 어려운 상황에 빠졌을 때는 숲 가장자리로 가서 무쇠 한스를 불러 도움을 청할 수 있었다.

전쟁에 나가기 위해서 튼튼한 말이 필요해지자 왕자는 숲으로 가서 무쇠 한스를 불렀고, 무쇠 한스는 왕자에게 도움을 약속했다. "그리고 얼마 지나지 않아 마구간 노예 한 명이 숲에서 말 한 마리를 데리고 나왔다. 말은 히이잉 소리를 내며 씩씩거렸고 제어하기가 어려웠다. 말 뒤로는 철로 완전 무장한 대규모 병사가 나타났고, 그들이 찬 검이 햇빛에 번쩍거렸다." 왕자는 그들을 이끌고 전쟁의 위기에 빠진 이웃나라 왕을 도우러 달려가 적군을 물리쳤다.

그림 형제의 동화를 아는 사람이라면 그 뒤에 무슨 일이 일어났을지 짐작할 수 있을 것이다. 왕자는 그 나라의 왕이 되었고 공주를 아내로 맞이했으며, 무쇠 한스도 마법에서 풀려났다. 무쇠 한스는 원래 또 다른 나라의 왕이었고, 용감한 젊은 왕자에게 자신의 모든 재산을 물려주었다.

독일에서는 이 동화를 비롯해 다른 많은 동화에 숲과 결합된 모티프가 특히 자주 등장한다. 왕은 자신의 숲을 지배하고 거기서만 사냥을 허락한다. 숲은 한편으로는 섬뜩하고 무섭지만, 다른 한편으로는 보물과 힘을 감추고 있다. 그림 형제는 숲을 항상 그렇게 이해했고, 자신들이 독일어로 발행한 잡지의 이름도 〈옛 독일의 숲들〉이라고 붙였다. 이 잡지는 비슷한 시기인 1813년부터 1816년까지 발행되었고, 그 뒤에는 다시 중단되었다.

1815년에 열린 빈 회의에서는 유럽의 질서가 새로 정해졌다. 많은 독일인이 국가의 새로운 부흥을 원했지만, 이들의 바람은 실현되지 않았다. 오스트리아와 합스부르크 왕가가 이끄는 '대大독일'을 추구할지 프로이센 중심의 '소小독일'을 추구할지를 놓고 오랫동안 논쟁이 벌어졌고, 마침내 1871년에 오스트리아를 제외한 소독일 창건이 실현되었다. 독일 제국이 건설되기 전까지 독일인들은 숲을 포함한 내부 문제들에 골몰했다. 그 결과 숲과 독일인이 중요한 주제가 된 문화적 전성기를 이루었다.

이러한 점은 서로 다른 크리스마스 관습에서도 분명하게

드러났다. 영국의 산타클로스(파더 크리스마스)는 사슴이 끄는 썰매를 타고 북극(또는 아한대 침엽수림)에서부터 영국 어린이들을 찾아온 반면, 독일의 산타클로스는 아주 짧은 거리만 지나왔다. "나는 저 바깥쪽 숲에서 찾아온다. 너희에게 크리스마스가 가까워졌다고 말해주려고! 곳곳의 전나무 꼭대기마다 금빛이 반짝거리는구나." 작가 테오도르 슈토름Theodor Storm이 1862년에 튀링겐 지방 하일리겐슈타트에서 지은 시 〈하인 루프레히트〉의 첫 구절에 나오는 대목이다. 슈토름은 슐레스비히홀슈타인 지방을 놓고 독일과 덴마크가 전쟁을 벌이던 시기에 튀링겐에 머물고 있었다. 원래는 북부 독일의 후줌에서 살고 있었지만, 그곳을 통치하던 덴마크 당국이 그의 변호사 허가를 취소하고 그를 추방했기 때문이다. 슈토름은 튀링겐의 아이히스펠트 지역에서 '전나무 꼭대기'를 보았다. 그러나 전나무에는 금빛이 반짝거리는 꼭대기가 없다. 그것은 그의 고향 후줌이 아닌 튀링겐에 조성된 숲의 가문비나무에서만 볼 수 있다. 따라서 시에서 말하는 신비스러운 산타클로스와 하인 루프레히트는 멀리서 썰매를 타고 오는 파더 크리스마스와는 달리 독일의 가까운 숲에서 오는 것이다.

이 모든 관념과 이념은 굉장한 파급력을 발휘했고, 숲의 자연적인 발전과 실제적인 이용보다 훨씬 강하게 수많은 사람의 행동에 영향을 미쳤다. 이러한 이념들은 때로는 숲에 대해 현실적인 결정을 내리려면 알아야 할 사실들과 대립된다. 그러나 그런 결정 과정에서는 항상 다양한 이념과 그 이념의 전통까지도 고려해야 한다. 그렇지 않으면 성공적인 결정을 내리지 못한다.

아니면 서로 다른 문화적 영향을 받은 사람들이 만나는 경우에 여러 오해가 발생한다. 우리 가족 사이에 전해지는 한 가지 일화가 그 점을 보여준다. 제2차 세계대전이 끝난 뒤 영국인 연락 장교 한 명이 함부르크에서 대형 서점을 운영하던 우리 할아버지를 찾아왔다. 영국인 장교는 우리 할아버지가 제1차 세계대전이 끝나고 나서도 오랫동안 영국 포로수용소에서 보냈고, 그 안에서 영국의 문화와 언어를 자세히 공부했다는 사실을 알고 있었다. 그는 할아버지에게 전쟁 후 독일인들이 문화적 가치를 생각하기 위해서 읽어야 할 책이 무엇이냐고 물었다. 할아버지는 권하고 싶은 책을 당장 떠올렸다. 그림 형제의 동화집이었다. 그러자 그 영국 장교가 말했다. "오, 안 돼요. 거기엔 숲이 너무 많이 나와요."

11

숲의 보호

자연은 항상 역동적이다. 따라서 숲은 자연적인 조건에서 끊임없이 변한다. 나무는 성장하며 시들고, 숲은 점점 넓어지며, 새로운 수종이 퍼졌다가 다시금 사라진다. 이 모든 것이 잘 알려진 사실인데도 불구하고 자연은 대부분 변하지 않는 것으로 묘사된다. 심지어는 자연이 변하지 않는다는 내용이 명시적으로 표현되지는 않았어도 그런 인상을 불러일으킨다. 어떤 자연 묘사에서도 자연이 거기서 묘사된 것과 항상 똑같은 모습일 것이라고 유추할 수는 없다. 또한 자연의 과거나 현재의 묘사에서 자연이 미래에 어떤 모습일지 알 수도 없다. 우리는 자연의 발전을 미리 알지 못한다. 물론 학문은 끊임없이 기후의 변화와 숲의 자연적인 변화를 예측하라는 요구를 받는다. 그러나 그런 진술 중 어느 것도 확실하지는 않다.

그럼에도 불구하고 하나의 숲이 현재 간직한 특징을 그대로 유지하도록 노력할 수는 있다. 그러나 이는 자연의 작용이 아닌 인간의 개입에 의해서만, 즉 문화에 의해서만 가능하다. 가령 지속 가능성의 구상을 실천하는 방법을 통해서다. 지속 가능성의 구상에는 여러 대안이 있고, 어떤 형태의 지속 가능성을 추구할지 결정해야 한다. 예를 들면 나무의 총 수량을 안정적으로 유지하는 형태나 동물과 식물종을 안정적으로 유지하는 생물 다양성의 형태를 추구할 수 있다.

산림관이 된 사람은 교육 과정을 거치는 동안 생태적, 경제적, 사회문화적 목표에 주목해야 한다는 사실을 잘 알고 있다. 산림관은 숲을 구성하는 자연적인 토대를 깊이 연구해야 하고, 경제적 관점 또한 고려해야 한다. 숲을 소유한 국가 또는 개인이 목재를 판매하기 때문이다. 그 밖에도 숲이 가진 복지 효과를 생각해야 한다. 가령 사람들은 숲에서 산책을 하고 휴식을 취하며 숲은 공기 정화에도 긍정적인 작용을 한다. 이와 같이 다양한 이용 목표 사이를 절충하는 것을 포함해 산림관이 하는 모든 활동은 문화의 일부다.

이러한 관점들이 전반적으로 반영된 독일에서는 임업이 매우 성공적으로 발달했다. 오늘날 독일은 숲이 풍부한 나라에 속한다. 그러나 숲의 상당 부분은 자연적으로 존재했던 것이 아니라 인공적으로, 다시 말해서 문화적 개입에 의해 조성되었다. 가문비나무와 소나무는 많은 곳에서 원래 있던 나무들을 대체했다. 그럼에도 새로 탄생한 숲은 자연으로 여겨진다. 숲은 많은 사람에게 자연의 총체이기 때문이다. 그러나 이런 숲들의 구성은 원시림에 해당하지 않는다. 인간에 의해 조성되고, 이용되며, 육성된 것이다. 다만 이런 숲에서도 성장과 먹이사슬, 소멸의 자연적인 과정은 일어난다. 따라서 이 숲들은 자연과 문화의 영향을 동시에 받는다고 할 수 있다.

사실 원래 슈바르츠발트에서 자라던 전나무는 흰전나무였다. 이 나무들은 벌채되어 네덜란드 등지로 보내졌고 나중에 숲을 새로 조성할 때 가문비나무로 대체되었다. 이는 많은 사람이 생각하기에는 자연이 복구된 것이지만, 수종의 변화로 인해서 현재의 슈바르츠발트는 중세 때와는 전혀 다른 모습이다. 슈

가문비나무 숲

바르츠발트 전나무는 이제 원래의 식생과 전혀 다른 특징을 가진 가문비나무로 바뀌었다. 가문비나무는 그사이 문화사적 의미를 갖게 되었다. 전통적인 슈바르츠발트 뻐꾸기시계의 추도 지금은 가문비나무의 방울열매를 모방해서 만들어진다. 사람들은 새로 조성된 숲들이 자연적으로 생겨나지 않았다는 사실을 거의 모른다. 이 숲들은 자연의 이념을 전달할 뿐, 숲의 기원으로 볼 때는 그렇지 않다.

독일의 산림법은 전 세계 많은 나라에서 수용되었고, 오늘날에는 많은 사람이 지속 가능성을 옹호한다. 1987년, 세계환경개발위원회 의장인 노르웨이 총리 그로 할렘 브룬틀란Gro Harlem Brundtland이 이끄는 이른바 브룬틀란 위원회는 지속 가능한 발전에 대한 새로운 정의를 발표했다. "지속 가능한 발전은 미래 세대가 그들의 필요를 충족시키고 그들의 생활방식을 선택하는 것을 방해하지 않으면서 현재 세대의 필요를 충족시키는 발전이다." 이 정의에서 새로운 점은 보편화에 있고, 그 밖에 다른 내용은 이미 수백 년 전 카를로비츠와 다른 사람들이 요구한 것들이다. 숲의 나무를 항상 똑같은 규모로 유지하려고 애쓰는 사람은 동시대인들의 목재 수요를 제한하지 않으면서도 미래 세대가 그들의 필요를 충족시키고 그들의 생활방식을 선택하는 것을 방해하지 않기 때문이다.

지속 가능성의 구상은 18세기 이후에는 문화적 혁신 없이는 관철될 수 없었다. 그것은 화석 원료를 채굴하고 이용함으로써 가능했다. 그러나 화석 원료는 유한한 자원이기 때문에 미래에는 다시 자라는 원료인 나무 이용을 다른 형태의 에너지로 보완하는 문제가 더욱 중요해질 것이다. 가령 태양열과 풍력, 수력 에너지를 직접적으로 이용하는 방법이 있다. 그래야만 숲의 지속 가능성을 유지하는 가운데 에너지 공급의 지속 가능성이 보장될 수 있다.

지속 가능성은 최대한 광범위한 안정성을 추구하기 위한 문화적 특징으로도 규정될 수 있다. 자연에는 지속 가능성도 안정성도 존재하지 않고, 이 목표들은 결코 도달될 수도 없다. 최대한 목표에 도달하기 위해서 끊임없이 노력해야 할 뿐이다. 자연적인 안정성을 목표로 정하는 건 잘못된 길이지만, 그런 목표를 추구할 수는 있다. 이를테면 극상 식생은 특정 지역의 기후에 최적으로 적응해 안정적인 상태를 유지하는 식생 형태가 있다고 전제한다. 그러나 그 구상은 틀렸다. 극상 식생은 한 가지 형태만 있지 않고(빙하기의 모든 간빙기마다 각기 다른 식생이 생겨났다), 그 안에서도 끊임없이 변화가 일어나기 때문에 안정적일 수 없다. 또한 인간의 인위적 간섭을 완전히 중단했을 때 특정한 입지에 안정적으로 나타나는 잠재적 자연 식생Potential natural vegetation, PNV도 확인할 수 없으며, 결코 안정적으로 되지 않는다.

학문적인 연구에서 비롯된 이러한 구상들은 하나의 입지에는 최대한의 안정성을 가진 단 하나의 '올바른' 자연만 존재한다는 점을 시사했다. 그것은 나치와 같은 전체주의 정권을 매혹시켰다. 나치는 자신들이 건설한 고속도로 가장자리에 잠재적 자연 식생의 구상에 따라 나무를 심게 했다. 거기에는 도로를 건설한 곳에 '자연'을 '다시' 확립하려는 소망이 결합되었을 것이고, 어쩌면 그것을 '생태와 경제 사이의 절충'으로 이해했을 수도 있다. 그러나 고속도로 옆에 그런 '올바른 자연'을 심어야 할 필요성은 전혀 없었다. 차라리 다른 가로수용 나무들을 선택하는 편이 더 좋았을 것이다. 그랬다면 늘어진 가지나 쓰러지는 나무들 때문에 발생하는 위험을 방지하는 교통안전 의무가 더 잘 이행될 수 있었을 것이다.

나무를 감독하는 일은 산림관이 맡은 많은 임무 중 하나다. 문화적인 이유에서 숲의 이용을 강화하는 방법이 있지만, 숲을 그냥 야생으로 만들 수도 있다. 숲에 대해 관심사가 서로 다른 사람들은 그들이 결정하고 싶은 면적을 차지하기 위해 싸운다. 누군가는 숲에서 야생으로 발전시켜야 할 최저 비율을 정해야 한다고 요구하고, 누군가는 경제적 목표를 최우선으로 추구해야 한다고 요구한다. 그러나 그보다 중요한 문제는 어떤 숲에서나 생태적 관련성, 경제적 효율성, 복지 효과에 모두 주의를 기울여야 한다는 것이다. 산림관은 항상 그런 관점들 사이의 절충을 위해서 노력한다. 그런 절충이야말로 가장 시급하게 보호되어야 하지 않을까?

오늘날 독일의 국민들 사이에서는 그와 같은 문제에 대한 관심이 매우 뜨겁다. 이전 세기에서 민족주의와 함께 대두된 숲의 특별한 의미가 여전히 영향을 미치는 것으로 보인다. 1980년대에 산성비가 숲을 위협한다는 사실이 밝혀지면서 경고 소리가 높아지기 시작했다. 질소 산화물과 황에 함유된 산은 화석 원료를 연소시킬 때 방출되며, 실제로 비를 산성으로 만들고 나뭇잎에 직접적인 피해를 입힌다. 독일에서는 그에 대한 대비책을 매우 신속하게 마련했다. 자동차에는 유해물질 배출을 최소화하는 촉매 장치를 갖추게 했고, 난방 시설과 발전소에는 공기정화 필터를 설치하도록 했다. 그런 노력 덕분에 공기는 상당히 깨끗해졌다. 그러나 '단지' 공기 정화와 국민의 건강만이 문제였다면 독일인들이 그와 똑같은 노력을 기울였을지 물어야 할 것이다. 사람들은 숲과 나무의 안녕을 위해서 불평 없이 많은 노력을 기울였고, 그사이 다른 관점에서도 그로 인한 이득을 얻고 있다.

지난 수십 년 사이 연구자들은 1980년대에 나무와 숲에 막대한 피해를 입힌 원인이 배기가스만의 문제가 아니었다는 증거들을 수집했다. 과거에 숲을 조성할 때는 특히 단일 재배를 추구했는데, 이는 해충이 번식하는 데 매우 유리한 환경이었다. 숲에 가문비나무가 많으면 나무좀도 최적으로 번식할 수 있다. 새로 조성된 많은 숲에서는 20세기 중반부터 가문비나무가 높이 자랐고, 특히 굵고 오래된 나무들이 나무좀의 피해를 입었다. 높이 자랄수록 가문비나무는 바람에 더 강하게 흔들렸고 그 과정에서 점점 강해지는 줄기의 흔들림은 평평한 뿌리 밑동까지 흔들리게 했다. 나무가 뿌리 체계의 한쪽으로 휘어지면 거기서는 뿌리와 균근, 흙과의 접촉이 느슨해지고 다른 부분에서는 뿌리 밑동에 의해서 땅이 다져진다. 가문비나무가 다른 쪽으로 흔

바이에른 국립공원의 말라 죽은 나무들. 대기 오염에 의한 숲의 죽음 현상

들리면 정반대의 일이 일어난다. 그로 인해 뿌리 밑동과 그 아래 놓인 지반층 사이의 접촉이 점점 느슨해지고 약해진다. 그 결과 나무는 땅으로부터 무기질을 제대로 공급받지 못하게 된다. 강한 바람이 불 때마다 바람에 뽑힐 위험이 점점 더 높아지다가 결국에는 쓰러지는 것이다. 나무가 쓰러질 때는 근처에 있는 다른 나무들까지 줄줄이 쓰러트리기 때문에 가문비나무 한 그루만 사라지는 것이 아니라 숲속에 공터가 생겨난다. 소나무 숲에서도 유일한 수종의 대량 군집은 소나무를 갉아먹는 곤충의 대량 번식을 초래하는 문제가 나타난다. 특히 기후가 건조한 시기에는 치명적인 산불이 발생할 수 있다.

산림관들 사이에는 오래전부터 숲을 개조해 더 많은 혼합림을 조성해야 한다는 생각이 널리 퍼져 있었다. 그러나 이는 그렇게 쉽게 실현할 수 있는 일은 아니다. 산림관의 활동은 항상 장기적이고, 하나의 수종은 점진적으로만 다른 수종으로 대체될 수 있다. 이때는 현재의 숲에 있는 수종은 숲의 천연갱신 과정에서 가장 빨리 싹트는 씨앗을 가장 많이 생산한다는 사실을 염두에 두어야 한다. 그러니 숲의 개조를 자연에만 맡기면 별다른 도움이 되지 않는다. 다시 말해서 가문비나무와 소나무가 자라는 곳은 다음 세대의 숲도 그 나무들로 이루어질 것이다. 그곳에는 그 침엽수들의 씨앗이 가장 풍부하게 존재하기 때문이다. 그 밖에도 어린 가문비나무와 소나무는 수지가 풍부해서 휜전나무와 너도밤나무 같은 다른 나무들에 비해 야생동물의 피해를 적게 받는다. 가령 노루가 많은 곳에서는 전나무가 잘 자라지 못한다. 야생동물이 어린 나무의 줄기와 잎을 뜯어먹지 못하게 하려면 울타리를 치거나 나무싸개로 덮어주어야 한다.

다른 한편으로는 국립공원 같은 숲을 조성할 때 인간의 개입 없이 어느 정도는 원시림과 유사하게 야생으로 발달하도록 내버려두는 방법이 있다. 그러면 인간에 의해 이용되는 숲과 대응하는 모습이 될 것이다. 사람들은 이런 야생의 숲에서는 생물의 다양성이 방해받지 않고 발전할 수 있을 거라는 희망을 품는다. 그러나 이는 그곳의 특정한 동물과 식물종이 더는 인간의 보호를 받지 못한다는 뜻이며, 그 결과 더 이상 관리되지 않는 숲들의 생물 다양성이 크게 달라지거나 심지어 줄어들 수도 있다는 것을 의미하기도 한다. 중부 유럽에 있는 숲들의 발달은 원래의 상태가 아니라 어느 정도 집중적으로 관리되던 시기에 시작되었다는 사실을 항상 잊지 말아야 한다. 이 시기부터 숲속에는 보호가 필요한 구조들이 만들어졌다. 오래된 길, 숲에 대한 다양한 구상, 숲의 이용 형태로 발달하게 된 특정한 동식물종의 출현이 그러한 것들이다.

오늘날 많은 영역에서는 어느 한 곳은 집중적으로 이용하지만 다른 곳은 포기하는 추세가 두드러진다. 숲의 한 부분은 매우 집중적으로 이용되고 다른 곳은 전혀 이용되지 않는 것이다. 그런 식으로 만들어진 야생은 관광을 활성화할 수 있지만 다른 한편으로는 멀리 떨어진 곳들이 버려지는 결과를 초래할 수도 있다. 이러한 경향은 잘 알려지지 않은 야생 지역에서 나타날 수 있다.

지금까지의 오랜 역사를 고려할 때 우리는 모든 숲에서 언제나 여러 이해관계의 절충이 이루어지는 밝은 미래를 희망한다. 생태계적 과정이 고려되어야 하며, 나무는 최적으로 뿌리를 내리고 가능한 한 최상의 상태로 자랄 수 있어야 한다. 숲에 사는 동물은 너무 적지도 않고 그렇다고 너무 많지도 않아야 한다. 사람들은 숲에서 휴식을 취할 수 있어야 하고, 동시에 숲이 최대한 이용될 수 있어야 한다. 또한 나무를 벨 때는 불필요한 피해를 막아야 한다. 그러나 넓은 영역의 나무를 모두 베어내지 않으려는 계획이 항상 성공하기는 어렵다. 물론 나무를 선별적으로 베어내는 택벌이 널리 퍼져 있고, 전체적으로 합리적인 방법이기도 하다. 그러나 일시적으로 넓은 공터가 생겼을 때만 발달해 그 상태로 지속되고 보호되어야 할 숲도 존재한다. 예를 들면 유럽서어나무처럼 빛을 좋아하는 나무들이 자라나 형성되는 왜림이 있다. 다만 너도밤나무나 참나무 그늘 아래에서는 택벌을 통해서도 그런 일이 불가능하다.

최근 몇 년간 연이어진 덥고 건조한 기후에서는 시간이 지나면서 숲의 특징이 변할 수 있다. 사람들은 학자들에게서 앞으로의 기온 상승과 건조함에 숲이 어떻게 반응하는지 예측하기를 기대한다. 그러나 학문적 방법은 현재의 생태계와 과거에 그 안에서 진행된 과정들만 기술할 수 있을 뿐이다. 물론 숲에서 일어나는 현재와 과거의 과정들을 분석하면, 앞으로 숲을 다루어나가는 방식에서 염두에 두어야 할 중요한 단서들을 이끌어낼 수는 있다. 그와 관련해 몇 가지 언급하고자 한다. 우선 대규모 자연 재해가 일어나지 않으면 많은 숲들이 한동안은 안정적인 상태를 유지할 것이다. 약간의 기온 편차로는 숲의 구성 요소가 즉각적으로 바뀌지 않는다. 과거에도 약간의 기온 편차로 숲의 구성 요소가 곧바로 달라지는 일은 없었다. 오늘날의 숲들은 서로 다른 조건들 속에서도 비슷한 모습을 보인다. 남부 유럽의 산지에 있는 너도밤나무 숲은 북해와 노르웨이 서쪽의 너도밤나무 숲과 비슷하다. 다만 남쪽의 숲은 식물의 종이 더 풍부하다. 기후 재앙이 앞으로 더 심해지고 더 빈번해질 거라는 염려가 있다. 일반적으로 우리는 현재의 조건에서도 그에 대한 준비를 더 철저히 해야 한다. 지반이 견고하지 않은 곳에 인공적으로 조성한 가문비나무는 폭풍에 의해 쓰러지기 전에 일찍 벌채하는 방법을 생각해야 한다. 나무좀과 다른 곤충들은 날이 더울수록 더 빨리 번식하며, 특히 오래되고 굵은 가문비나무는 좋은 번식처가 된다. 이런 나무들은 해충 피해가 발생한 즉시 베어내야 한다.

산림 공무원들이 숲을 더 잘 감독하기 위해서는 더 많은 인적 지원이 필요하다. 최근 몇 년 동안 산불이 자주 발생했다. 물론 산불은 건조함과 무더위 때문에 발생했지만, 더 이상 이용하지 않거나 너무 적게 이용하는 죽은 나무들을 신속하게 치우지 않았기 때문이기도 하다. 변화하는 기후 조건들 속에서도 숲이 존립하기 위해서는 전체적으로 더 많은 관심과 보살핌이 필요하다. 지속적인 기온 상승을 고려할 때 숲은 지금보다 앞으로가 더 큰 의미를 갖게 될 것이다. 숲의 면적이 넓을수록 숲에 형성된 산림 기후가 기후 편차를 완화시켜주는 효과는 더 커질 수 있고, 비가 많이 내린 뒤 뿌리와 선태층 사이에 물도 잘 저장되었다가 시간이 지남에 따라 서서히 하천으로 흘러들어갈 것이다.

숲의 나무는 매우 인상적인 생명체이지만 동물이나 인간과는 공통점이 별로 없다. 나무의 본질이나 영혼은 인간화에 의해서는 규명되지 않는다. 식물은 동물과는 다른 방식으로 양식을 구한다. 식물은 신경계가 없고, 서식하는 곳의 가용할 수 있는 무기물에 의존해 있으며, 동물과는 다르게 그 무기물을 이용해 유기물을 직접 만들어낸다. 식물은 신경계가 없기 때문에 통증도 느끼지 못한다. 많은 나무가 가지를 잘라낸 뒤에도 계속 자라며 단순히 자라는 것에 그치지 않고 더 오랫동안 건강하게 잘 살아간다. 규칙적으로 가지치기한 피나무나 물푸레나무, 또는 유럽서어나무도 영원한 생명의 상징이 될 수 있다. 단 계속해서 가지를 잘라준 나무들만 오래 살아남는다.

숲은 주의해서 돌보아야 한다. 숲은 야생일 뿐 아니라 다양한 문화의 일부이자 계속해서 자라는 더없이 좋은 원료이다.

숲과 나무로 된 건축물과 물건들에는 탄소가 저장되어 있다. 공업 재료로 사용할 나무를 베어낼 때뿐만 아니라 목재가 분해될 때도 이산화탄소가 배출된다.

숲을 이용하려는 의도가 서로 다를수록 숲의 보존을 위한 절충을 이루는 것도 복잡하다. 그러나 우리에게는 그 어느 때보다 절실하게 숲이 필요하다. 모든 숲은 단 한 번만 존재하기 때문이다. 숲에서는 생명의 과정이 진행되고 다양한 원료가 생산되며, 누구나 숲에서 휴식할 수 있는 시간을 기뻐한다. 숲의 이용에서 중요한 건 절충점을 찾는 것이다. 그것은 복잡하지만 반드시 필요한 일이고, 어느 한쪽의 의견뿐 아니라 다양한 의견이 존중되어야 할 민주주의의 한 모델이다. 절충을 찾는 복잡한 절차를 거치고 전문가들의 조언을 들으며 미래로 나아가는 최선의 길을 찾아야 한다. 그런 다음에는 그 길을 가야 한다. 단, 더 좋은 길을 찾으면 언제든 바꿀 수 있다는 생각을 갖고 있어야 한다. 자연, 숲 이용 전략, 숲에 대한 이념은 변할 수 있기 때문이다.

참고문헌

1. 숲은 무엇인가?

독일어 사전에 나오는 숲에 대한 정의는 다음의 문헌에서 유래한다:
- Bahder, Karl von, unter Mitwirkung von Hermann Sickel, Deutsches Wörterbuch von Jacob Grimm und Wilhelm Grimm, Dreizehnter Band. W-Wegzwitschern. Leipzig 1922, 1075.
연방 산림법의 상세한 규정은 다음에 나와 있다:
- Gesetz zur Erhaltung des Waldes und zur Förderung der Forstwirtschaft (Bundeswaldgesetz). https://www.gesetze-im-internet.de/bwaldg/BJNR010370975.html#BJNR010370975BJNG000100319; 2018년 11월 21일에 마지막 수정.

2. 나무

생물학적 기초에 관한 내용은 다음 저서들 참조:
- Jürgen Markl (Hrsg.), Purves Biologie. 9. Auflage, Heidelberg 2011.
- Neil A. Campbell und Jane B. Reece, Biologie. 10. Auflage, Hallbergmoos 2015.

3. 석탄숲에서 오늘날의 숲으로

고식물학에 대한 일목요연한 기술은 다음 저서 참조:

- Karl Mägdefrau, Paläobiologie der Pflanzen. Stuttgart 1968.

이 장과 이어지는 장에서 다룬 숲의 역사는 다음 저서 참조:

- Hansjörg Küster, Geschichte des Waldes. 3. Auflage, München 2008.

4. 생태계로서의 숲

- Heinz Ellenberg und Christoph Leuschner, Vegetation Mitteleuropas mit den Alpen in ökologischer Sicht. 6. Auflage, Stuttgart 2010.

5. 변화하는 숲, 숲의 천이

- Anton Fischer, Untersuchungen zur Populationsdynamik am Beginn von Sekundärsukzessionen. Berlin, Stuttgart 1987.

빙하기의 식생 발달을 다룬 저서:

- Gerhard Lang, Quartäre Vegetationsgeschichte Europas: Methoden und Ergebnisse. Jena, Stuttgart, New York 1994.

6. 지구의 여러 숲

숲의 분류는 다음 저서들에 따라 이루어졌다:

- Heinrich Hofmeister, Lebensraum Wald. Ein Weg zum Kennenlernen von Pflanzengesellschaft und ihrer Ökologie. 3. Auflage, Hamburg,

Berlin 1990.
- Richard Pott und Joachim Hüppe, Spezielle Geobotanik. Pflanze-Klima-Boden. Berlin, Heidelberg, New York 2007.
- Jörg S. Pfadenhauer und Frank A. Klötzli, Vegetation der Erde. Grundlagen, Ökologie, Verbreitung. Berlin, Heidelberg 2014.

9. 숲의 지속 가능성

- Forst- und Holtz-Ordnung Churfürstens Augusti zu Sachsen, 1560. Abdruck in: Georg Victor Schmid (Hrsg.), Handbuch aller seit 1560 bis auf die neueste Zeit erschienenen Forst- und Jagdgesetze des Königreichs Sachsen. Meißen 1839, 3-51.
- Hindrichson, Georg, Brockes und das Amt Ritzebüttel. 1735-1741. Cuxhaven 1897-1899, Reprint Cuxhaven 1982.
- Bei der Wieden, Brage, und Thomas Böckmann, Atlas vom Kommunionharz in historischen Abrissen von 1680 und aktuellen Forstkarten. Hannover 2010.
- Carlowitz, Hans Carl von, Sylvicultura oeconomica. Leipzig 1713.

10. 숲에 대한 이념

엘리아스 카네티의 글은 다음에서 유래한다:

- Elias Canetti, Masse und Macht. Frankfurt am Main 1981, 190-191.

카를 하젤의 글은 다음에서 유래한다:

- Karl Hasel, Forstgeschichte: Ein Grundriß für Studium und Praxis. Hamburg und Berlin 1985, 35.
- Klopstock, Friedrich Gottlieb, Der Hügel und der Hain. In: Klopstock, Friedrich Gottlieb, Oden. Stuttgart 1966.
- Der Eisenhans. In: Kinder- und Hausmärchen gesammelt durch die Brüder Grimm. München 1966, 635-643.
- Tacitus, Germania. Lateinisch und Deutsch. Übersetzt, erläutert und mit einem Nachwort versehen von Manfred Fuhrmann. Stuttgart1972.
- Eichendorff, Joseph von, Wer hat dich, du schöner Wald? https://www.volksliederarchiv.de/wer-hat-dich-du-schoener-wald-aufgebaut/, zuletzt abgerufen am 24.11.2018. 다른 출처들에는 "잘 있어라, 그대 독일의 숲이여"라는 구절은 나오지 않고 항상 "아름다운 숲"만 나온다.
- Storm, Theodor, Knecht Ruprecht. In: Sämtliche Werke in zwei Bänden. München 1967, 940.

11. 숲의 보호

브룬틀란 보고서에서 인용한 글은 다음에서 유래한다:
https://www.nachhaltigkeit.info/artikel/brundtland_report_563.htm, 2018년 10월 6일에 마지막 수정.

그림 출처

p. 26: ⓒ mauritius images/imageBROKER/Frederik
p. 48: ⓒ akg-images
p. 63: mauritius images/imageBROKER/Erhard Nerger
p. 64: ⓒ Peter Palm, Berlin
p. 67: mauritius images/imageBROKER/Bob Gibbons/FLPA
p. 109: ⓒ picture-alliance/Hans Reinhard/OKAPIA
p. 125: ⓒ Gregor Jonas
p. 129: mauritius images/FLPA/Alamy
p. 142: ⓒ akg-images
p. 164: https://de.wikipedia.org/wiki/Datei:Caspar_David_Friedrich_068.jpg
p. 177: mauritius images/imageBROKER/Siepmann
p. 183: mauritius images/imageBROKER/Dr.Wilfried Bahnmüller

이외의 다른 모든 그림은 저자로부터 유래한다.

찾아보기

ㄷ

ㄹ

ㅁ

ㅂ

ㅅ

기타

숲의 역사

태고로부터 진화해온 숲에 대한 기록

초판 인쇄 | 2021년 11월 20일
초판 발행 | 2021년 11월 25일

지은이 | 한스외르크 퀴스터
옮긴이 | 이수영
펴낸이 | 조승식
펴낸곳 | 돌배나무
공급처 | 북스힐
등록 | 제2019-000003호
주소 | 서울시 강북구 한천로 153길 17
전화 | 02-994-0071
팩스 | 02-994-0073
홈페이지 | www.bookshill.com
이메일 | bookshill@bookshill.com

ISBN 979-11-90855-23-5
정가 13,000원

* 잘못된 책은 구입하신 서점에서 교환해 드립니다.